CARRÉS CLASSIQUES

Collection COLLÈGE présentée par
Cécile de Cazanove
Agrégée de Lettres modernes

Georges Courteline

Le gendarme est sans pitié

Suivi de *Gibier de potence* de Feydeau

1899

Texte intégral

Édition présentée par
Dominique Prest
Agrégée de lettres modernes

Nathan

sommaire

Avant la lecture

Lire

ISBN 978-2-09-188533-9

Après la lecture

Autre lecture

Dossier central images en couleur

avant la lecture

Qui êtes-vous, Georges Courteline ?

Qui êtes-vous, Georges Feydeau ?

La France au temps de Courteline

Qui êtes-vous, Georges Courteline ?

Ma jeunesse turbulente (1858-1880)

Je suis né à Tours **le 25 juin 1858**. Mon père, Jules Moinaux, journaliste à *La Gazette des tribunaux*, est connu pour ses satires du milieu judiciaire.

Après une enfance heureuse à Paris, je suis envoyé comme interne au collège de Meaux pendant cinq longues années qui seront les pires de ma vie. J'y ferai ma première expérience de la bêtise humaine. Catalogué comme cancre, je réussis cependant la première partie du baccalauréat, grâce à mes notes en littérature. Cela me permet de revenir enfin à Paris pour passer la seconde partie de l'examen, mais j'échoue car mon travail est trop irrégulier. Obligé de gagner ma vie car mon père m'a coupé les vivres, je commence à travailler dans un restaurant pour vérifier les additions. Je serai renvoyé quasiment sur-le-champ. Malgré les conseils paternels, je me destine alors à l'écriture, mais le hasard en décide autrement. À vingt ans, les jeunes gens doivent faire leur **service militaire** et seuls quelques-uns sont retenus par tirage au sort. Manque de chance, c'est mon numéro qui est tiré. Toutefois, grâce à mon physique chétif, je réussis à échapper au service actif et suis affecté à l'infirmerie avant d'être réformé au bout de sept mois.

Je n'aime pas du tout l'école.

Je suis un fonctionnaire noctambule (1880-1893)

De retour à la vie civile, j'entre au ministère des Cultes (ancien ministère de l'Intérieur). Durant quatorze années, j'essaierai de concilier ma vie nocturne dans les cabarets de Montmartre et celle de fonctionnaire le jour. Je finirai même par payer un collègue pour faire mon travail et signer le registre de présence à ma place...

J'écris des chroniques inspirées de mon expérience de l'armée et de l'administration : *Les Chroniques de Georges Courteline* en 1884. Puis entre 1886 et 1888, je publie des romans comiques : *Les Gaîtés de l'escadron, Le 51e dragon, Le Train de 8 h 47* qui tournent l'armée en dérision. Je m'en prends aussi à mes collègues du ministère dans *Messieurs les ronds-de-cuir* (1893).

Je deviens un auteur dramatique célèbre (1893-1929)

Poussé par André Antoine, le créateur du Théâtre-Libre, j'adapte un conte (*Lidoire*) pour la scène en 1891. Ce succès me pousse vers **le théâtre**. Au cours d'une répétition, en 1892, je rencontre celle qui va devenir ma compagne, l'actrice Suzanne Fleury.

Nous menons une vie de bohème à Montmartre. À partir de 1893, j'écris surtout des pièces qui sont autant de succès sur les scènes parisiennes : *Hortense, couche-toi !, Boubouroche, La Peur des coups, Les Boulingrin, Le gendarme est sans pitié, Le commissaire est bon enfant...*

Après la mort de Suzanne en 1902, je cesse d'écrire et me contente d'adapter mes nouvelles à la scène. Je me remarie en 1907 avec une autre actrice.

Après la guerre, mes pièces continuent d'être jouées et ma notoriété me vaut la Légion d'honneur en 1921, et surtout je deviens membre de **l'Académie Goncourt** en 1926. Mes dernières années sont assombries par la maladie. ■

Courteline meurt le 25 juin 1929, à Paris. Il est inhumé au cimetière du Père-Lachaise.

Je mène une vie de bohème à Montmartre.

Qui êtes-vous, Georges Feydeau ?

Je suis un auteur dramatique précoce (1862-1882)

Je suis né à Paris **le 8 décembre 1862**. Mon père Ernest Feydeau fait partie des romanciers réalistes ; dans le salon de ma mère, Léocadie Boguslawa Zaleswska, je croise des écrivains comme Flaubert, les Goncourt mais aussi des nobles comme le duc de Morny (que la rumeur présente comme mon père biologique) ou Napoléon III.

Enfant rebelle, je découvre le théâtre très jeune et je décide de devenir auteur dramatique. Au lycée Saint-Louis, je crée avec des amis « Le Cercle des Castagnettes » où l'on joue des pièces, en particulier mes propres monologues. Bien sûr, mon travail scolaire s'en ressent et, encouragé par Eugène Labiche, le plus célèbre des vaudevillistes, j'abandonne les études pour l'écriture. Ma première comédie *Par la fenêtre* est jouée en 1882 alors que je n'ai que dix-neuf ans. L'année suivante seront montées *Amour et piano* et *Gibier de potence*.

J'abandonne mes études pour le théâtre.

Je deviens un vaudevilliste célèbre (1883-1909)

Tailleur pour dames en 1886 est mon premier vrai succès, mais ensuite, pendant cinq années, **je subis échec sur échec**. Je me marie en 1889 avec une femme du monde, Marie-Anne Carolus-Duran, très dépensière, et notre situation financière est particulièrement difficile. Mais ma persévérance finit par être récompensée : en 1892, le directeur du théâtre du Palais-Royal fait jouer *Monsieur chasse*, tandis qu'est représenté au théâtre des Nouveautés *Champignol malgré lui*. C'est le succès et **je deviens le maître incontesté du vaudeville** grâce à des intrigues bien nouées au rythme endiablé qui débouchent sur des quiproquos

en cascade : *Un fil à la patte* (1894), *Le Dindon* (1896), *Dormez, je le veux* (1897), *La Dame de chez Maxim* (1899), *L'Âge d'or* (1905), *Occupe-toi d'Amélie* (1908)…
Je mène une vie mondaine intense, collectionne les maîtresses et les tableaux impressionnistes. Ma femme finit par demander le divorce en 1909.

La farce conjugale (1909-1921)

Je m'installe alors à l'hôtel Terminus près de la gare Saint-Lazare et délaisse la comédie d'intrigue pour **m'attaquer au couple bourgeois** que je ridiculise d'une manière à la fois drôle et cruelle : « Il n'y a que dans ces courts instants où la femme ne pense plus du tout à ce qu'elle dit que l'on peut être sûr qu'elle dit vraiment ce qu'elle pense. » Inspirées de ma propre expérience, mes pièces démarrent par une querelle futile qui s'envenime et débouche sur une sorte de **« gigantesque lessive conjugale »**. À cette veine se rattachent : *On purge bébé* en 1910, *Mais n'te promène donc pas toute nue, Léonie est en avance* en 1911, *Je ne trompe pas mon mari* en 1914 et enfin *Hortense a dit : « Je m'en fous ! »* en 1916.
Mon état dépressif m'oblige à entrer en 1919 dans une maison de repos à Rueil-Malmaison. ■

Des intrigues endiablées et des quiproquos en cascade.

Feydeau y meurt le 5 juin 1921, après deux années d'internement pour troubles psychiques.

La France au temps de Courteline

Une République provisoire… qui durera soixante-neuf années

Après la défaite de Sedan contre les Prussiens le 4 septembre 1870, le second Empire est remplacé par une république provisoire qui poursuit la guerre. Mais Paris est assiégé et finit par capituler. Le gouvernement signe l'armistice le 28 janvier 1871. Aux élections qui suivent, les partisans de la royauté obtiennent la majorité, mais ils attendent pour remettre le roi sur le trône car ils préfèrent laisser la République signer la paix et rétablir l'ordre à Paris après la révolte populaire de la Commune. Les divisions du camp monarchiste empêchent la restauration et la IIIe République est définitivement établie le 30 janvier 1875 par une voix de majorité. Elle durera jusqu'en 1940.

L'école devient laïque, obligatoire et gratuite.

La République se renforce malgré **trois crises très graves** : la crise du général Boulanger (1886-1889) qui réunit les mécontents de droite, puis la crise anarchiste (1892-1894) et surtout l'affaire Dreyfus (1894-1906) qui divise la France en deux camps : les dreyfusards qui défendent le capitaine Dreyfus injustement condamné pour trahison et les anti-dreyfusards qui protègent l'armée.

1858 : Naissance de Courteline
1862 : Naissance de Feydeau
1883 : Feydeau, *Gibier de potence*
1886 : Courteline, *Les Gaîtés de l'escadron*
1891 : Courteline, *Lidoire*

SECOND EMPIRE (Napoléon III) — *1870* — IIIe RÉPUBLIQUE

1870 : Défaite de la France contre la Prusse
1871 : La Commune
1881-1882 : Lois scolaires de Jules Ferry
1888 : Mort de Labiche
1889 : Édification de la tour Eiffel

Une République progressiste

D'importantes réformes sont votées. Jules Ferry, ministre de l'Instruction publique, instaure l'école laïque, obligatoire et gratuite. Les libertés collectives se développent : liberté syndicale, liberté de la presse, mais aussi individuelles (le droit au divorce). Après l'affaire Dreyfus, la gauche triomphe et fait adopter la loi sur la séparation des Églises et de l'État en 1905.

La Belle Époque (1879-1914)

La deuxième révolution industrielle transforme radicalement la vie des Français. La photographie se développe, la première projection de cinéma a lieu en 1895. La bicyclette, puis la motocyclette, la voiture et l'avion apparaissent. À Paris, on construit le métro. L'électricité se démocratise. On a une confiance absolue dans la science, c'est le positivisme. Les expositions universelles de 1889 et de 1900 symbolisent cet optimisme.

Ce climat de gaieté et d'insouciance se manifeste aussi par l'apparition des cabarets (Folies-Bergère, Moulin-Rouge) et des cafés. **L'opérette et le vaudeville sont à la mode.**

En peinture apparaissent l'impressionnisme (Monet, Renoir), le fauvisme (Gauguin) et le cubisme (Picasso). En littérature, les naturalistes (Zola) s'opposent aux symbolistes (Mallarmé, Rimbaud). Proust renouvelle l'art du roman et Apollinaire invente la poésie moderne.

La Belle Époque disparaît avec la guerre de 1914. ■

La photographie et le cinéma se développent.

1893 : Courteline, *Messieurs les ronds-de-cuir* et *Boubouroche*

1894 : Feydeau, *Un fil à la patte*

1899 : Courteline, *Le gendarme est sans pitié*

1921 : Mort de Feydeau

1929 : Mort de Courteline

IIIe RÉPUBLIQUE

1894 : Condamnation du capitaine Dreyfus

1900 : Exposition universelle de Paris

1905 : Loi de séparation des Églises et de l'État

1914 : Début de la Première Guerre mondiale

lire

Courteline

Le gendarme est sans pitié

1899

texte intégral

Qui sont les personnages ?

M. Boissonnade

Ce procureur au tribunal de la petite ville d'Écoute-s'il-Pleut est tolérant, soucieux de maintenir une bonne entente entre ses administrés. Il cherche à calmer les esprits et à mettre un frein aux excès du gendarme Labourbourax.

Réussira-t-il à réconcilier le gendarme et le baron ?

Le gendarme Labourbourax

Absolument inflexible sur le règlement, il est aussi très susceptible et considère le moindre incident comme outrage à agent dans l'exercice de ses fonctions.

Est-il irréprochable ?

Le baron Larade

Ce notable, connu pour son amabilité et sa générosité, aime promener son petit chien Anatole.

Comment ces agréables sorties tournent-elles au drame ?

Les personnages

- LE GENDARME LABOURBOURAX.
- LE BARON LARADE.
- BOISSONNADE, procureur de la République[1].
- UN HUISSIER[2].

Comédie en un acte représentée pour la première fois au Théâtre-Antoine[3] le 27 janvier 1899.

La scène se passe à Écoute-s'il-Pleut, de nos jours.
Au fond, porte à deux battants. Un grand bureau ministre surchargé de paperasses. Une bibliothèque et un cartonnier[4] *constituent avec deux ou trois fauteuils de bureau le reste de l'ameublement que complètent au point de vue décoratif un buste de la République (modèle officiel) et un portrait du chef de l'État.*

1. Représentant de l'accusation dans un tribunal.
2. Employé de justice.
3. Créateur du Théâtre-Libre qui produisait ses propres spectacles et échappait ainsi à la censure, Antoine révélait de jeunes talents ou des pièces refusées par les grands théâtres. La troupe se produit dans de petites salles jusqu'à ce qu'Antoine devienne directeur de 1897 à 1906 d'une salle de 1 000 places.
4. Meuble destiné au rangement des dossiers.

Scène 1

Boissonnade, *seul, puis l'*HUISSIER *puis le* GENDARME

Boissonnade est assis à son bureau, devant un monceau[1] *de pièces*[2] *qu'il signe après les avoir rapidement parcourues, et range ensuite en tas dans un coin du bureau. De temps en temps un geste d'impatience témoigne de l'intérêt qu'il prend à cette besogne. Enfin la lecture d'un papier lui arrache une exclamation désolée.*

Boissonnade. – Le gendarme est sans pitié ! *(Il sonne, puis, à l'huissier qui entre :)* Le gendarme Labourbourax.

L'huissier remonte vers la porte, qu'il ouvre et, après avoir fait un signe vers la coulisse, s'efface et sort, tandis que le gendarme paraît sur le seuil. Après avoir salué militairement, il fait trois pas, s'arrête, ramène la main dans le rang[3]*, rectifie la position selon l'ordonnance*[4]*, et s'immobilise, muet.*

Boissonnade. – Vous êtes sans pitié, gendarme ! Encore un attentat à votre caractère[5] !... Savez-vous que je vois venir l'instant où le tribunal d'Écoute-s'il-Pleut, exclusivement occupé à venger vos petits griefs[6], ne pourra plus suffire à tant d'obligations ? Ne dites pas non. La chambre correctionnelle[7] n'entend parler que de vos malheurs ! Hier, c'était, à votre requête, douze condamnations pour outrages à un agent de la force publique dans l'exercice de ses fonctions[8]. Avant-hier, c'en était dix-neuf !... En tout, et en quarante-huit heures, cent

Les déplacements sur scène

« Remonter » et « descendre » renvoient aux déplacements des acteurs qui « montent » lorsqu'ils se dirigent vers le fond de la scène et qui « descendent » quand ils vont vers le devant de la scène. ■

1. Tas.
2. Papiers officiels.
3. Le long du corps.
4. Le règlement.
5. Une insulte à votre personne.
6. Motifs de plainte.
7. Le tribunal judiciaire qui juge les délits.
8. Insulte à un représentant des forces de l'ordre en service.

quarante-sept jours de prison à l'actif d'une cité de trois mille habitants ! C'est coquet ! Et ce n'est pas fini. À cette heure, voici, de vous, en date de ce jour, un procès-verbal contre l'épicier Nivoire, inculpé du double délit d'insulte à la maréchaussée[9] et d'affichage séditieux[10]. (*Le gendarme opine du képi*[11].) Qu'est-ce qu'il a fait, l'épicier Nivoire ?

LE GENDARME. – Il a apposé à la devanture de son établissement une pancarte portant, en lettres conséquentes d'une hauteur de 20 à 22 centimètres, une inscription de nature à jeter la déconsidération sur l'arme[12] à laquelle j'appartiens.

BOISSONNADE. – Quelle inscription ?

LE GENDARME. – La suivante : « Avis à la population. Occasion exceptionnelle. Gendarmes à deux pour trois sous. »

BOISSONNADE, *très simplement*. – Des harengs saurs[13].

LE GENDARME. – Précisément.

BOISSONNADE, *effaré*. – Et voilà tout ?

LE GENDARME. – J'eusse cru…

BOISSONNADE. – Celle-là est trop raide ! Alors, c'est gravement, tout de bon, que vous vous prétendez atteint dans vos fiertés de vieux soldat ? C'est de sang-froid que vous en appelez à la sévérité des juges, d'une plaisanterie inoffensive, bête comme une oie, vieille comme les rues, et dont, seuls, s'égayeraient[14] encore – en supposant qu'ils s'en égayent – les enfants et les imbéciles ?

LE GENDARME. – Il est regrettable que les débordements de notre ironie nationale s'épanchent[15] en trivialités[16] aux

Scène 1

? A votre Avis

M. Boissonnade est…

- ❑ le chef de Labourbourax ?
- ❑ l'avocat du gendarme ?
- ❑ procureur au tribunal ?

9. Gendarmerie.
10. Appelant à la révolte.
11. Hoche sa tête coiffée d'un képi pour dire oui.
12. Le corps d'armée (ici la gendarmerie).
13. Poissons fumés, communément appelés *gendarmes*.
14. S'amuseraient.
15. Se répandent.
16. Grossièretés.

dépens d'institutions consacrées de temps immémoriaux[1] et dont l'éloge n'est plus à faire.

Boissonnade. – Que de paroles perdues, mon Dieu ! et quel besoin d'importance ! Je vous demande un peu, gendarme, en quoi la blague de la rue peut atteindre... – que dis-je ! – effleurer le prestige de l'armée d'élite que vous représentez si dignement ! Allons, c'est une plaisanterie, et, vous me permettrez de vous le dire, sans vouloir ravaler[2] en rien la gravité de vos missions, la dignité de votre rôle, vous montrez une fâcheuse tendance à céder aux élans d'une susceptibilité qui tourne à la monomanie[3]. Que diable ! Nous avons affaire à une population d'un excellent esprit, respectueuse des pouvoirs publics, et votant bien. Ménageons donc, autant que possible, les bonnes dispositions de nos administrés[4] ; et, fermant l'œil quand il le faut, nous bouchant les oreilles quand il est nécessaire, évitons de semer en eux, par des abus d'autorité, le germe[5] toujours dangereux du mécontentement et de la rébellion. Vous avez compris ?

Le gendarme. – Oui, monsieur le procureur.

Boissonnade. – Bien. Vous pouvez vous retirer.

Le gendarme sort. Resté seul, Boissonnade s'est remis à l'étude des dossiers accumulés sur la table. Un temps. Soudain :

Boissonnade, *avec un geste désespéré.* – Encore ! (*Il lit.*) « Procès-verbal. Outrage à des représentants de la force publique dans l'exercice de leurs fonctions. Dans la nuit du 17 au 18 courant, étant de service, mon collègue

1. Très anciens.
2. Diminuer.
3. À l'obsession.
4. Citoyens qui sont soumis à notre autorité.
5. La source.

Soufflure et moi, notre attention a été éveillée par le tumulte d'une dispute. Nous étant rendus sur les lieux, nous y avons trouvé le menuisier Lacaussade occupé à interpeller sa propriétaire à travers la porte cochère[6], sous prétexte que cette dernière refusait à la lui ouvrir. Aussitôt qu'il nous aperçut, le délinquant se porta au-devant de nous et nous harangua[7] en ces termes : "Vous pouvez constater que cette vieille charogne[8] refuse de m'ouvrir la porte ; vous pouvez le constater vous-mêmes." Il dit, puis d'une voix où le mépris le disputait[9] à l'arrogance, il nous jeta ce mot : "des visus", voulant exprimer par là, non seulement que mon collègue et moi étions des visus – ce qui n'était pas vrai – mais encore que nous en étions l'espèce la plus inférieure, relégués au plus bas degré de l'échelle sociale, et de tout point incompatibles avec la magistrature dont nous sommes les assimilés[10]. » (*Consterné.*) Mais qu'est-ce que c'est que ça ?... Mais qu'est-ce que ça veut dire ?... Mais cet homme irréconciliable[11] va devenir un danger public ! (*Il sonne. Apparition de l'huissier.*) Le gendarme ! (*Sortie de l'huissier et entrée du gendarme.*) Entrez donc, gendarme ! Eh bien, gendarme, que vous disais-je ? La plaisanterie continue. Il paraît que le sieur Lacaussade vous a qualifiés de visus, vous et votre collègue Soufflure ?

Le gendarme. – Oui, monsieur le procureur.

Boissonnade. – Savez-vous bien, mon brave, que je commence à me demander si vous jouissez de vos facultés[12], ou si vous vous bornez à vous moquer du monde ?

Le gendarme. – Moi ?

6. Dont les dimensions permettent le passage d'une voiture.
7. Interpella.
8. Terme injurieux signifiant *crapule, saleté*.
9. Se mêlait.
10. Représentants.
11. Qui ne peut être apaisé.
12. Si vous avez toute votre tête.

Illustration de Charles Léandre pour *Le gendarme est sans pitié*, 1933.

Scène 1

Boissonnade. – Des visus ! ! ! Pardieu ! Voilà qui est comique, et si *Le Moniteur*[1] de la localité venait à être mis au courant de l'anecdote, vous prendriez, j'ose le prétendre, quelque chose pour votre rhume[2]. (*Mouvement du gendarme.*) Je vous dis que c'est une idée fixe ! Pas plus que l'épicier Nivoire, le menuisier Lacaussade n'a songé à vous faire injure. Simplement, sa propriétaire lui refusant l'accès d'une demeure qui est sienne, il vous a invités, comme c'était son droit, à constater le flagrant délit, à le constater *de visu*, autrement dit : de vos propres yeux, par vous-mêmes ! Et parce que le sens vous échappe, d'un lieu commun, d'un terme usuel[3], d'une locution tombée dans le domaine public[4], un pauvre diable passe la nuit sur la paille humide du cachot !... Voilà l'action publique saisie et la justice en mouvement !... En vérité, les bras m'en tombent et, du train dont vous allez, je me demande où nous allons ! Et ce sont les harengs qu'on traite de gendarmes ! Et ce sont les gendarmes qu'on traite de visus !... Encore une fois, modérez-vous ; apportez à l'avenir moins de raideur militaire dans vos relations avec nos justiciables[5], un peu plus de circonspection[6] dans votre empressement à sévir[7] et rappelez-vous qu'un brave soldat peut, sans déchoir[8], être un brave homme. L'un vaut l'autre après tout. Allez !

Le gendarme, *sortant.* – Il est tout de même dur, à mon âge, de m'entendre traiter de visu par un particulier qui l'est peut-être plus que moi.

Il sort. Une fois encore, Boissonnade s'attelle[9] à l'examen du courrier du jour. Mais presque aussitôt :

1. Journal.
2. Vous seriez tourné en ridicule.
3. Appartenant au langage courant.
4. Connue de tous.
5. Personnes dépendant de l'autorité judiciaire.
6. Prudence.
7. Punir.
8. Sans honte.
9. Se met.

Boissonnade. – À la fin, mon malheur passe mon espérance !... (*Il lit.*) « Le gendarme Labourbourax contre le baron Larade. Outrage à un agent de la force publique dans l'exercice de ses fonctions... » (*Rapide coup d'œil jeté sur le procès-verbal.*) Le pis est que ça a l'air sérieux ! (*Il sonne. L'huissier apparaît.*) Courez de suite au cercle[1], huissier, place d'Armes, à deux pas d'ici. Vous demanderez le baron Larade et vous l'inviterez de ma part à passer à mon cabinet toute affaire cessante[2]. Faites vite. (*Fausse sortie de l'huissier.*) Ah ! Envoyez-moi le gendarme.

L'huissier sort. Entre le gendarme.

Boissonnade. – Je vois, gendarme, par ce procès-verbal, que vous auriez eu à vous plaindre de M. le baron Larade.

Le gendarme. – Oui, monsieur le procureur.

Boissonnade. – Qu'est-ce qu'il vous a fait ?

Le gendarme. – Il a usé vis-à-vis de moi d'un terme non adéquat[3] à l'uniforme dont je suis revêtu.

Boissonnade, *qui consulte le procès-verbal.* – Oui, enfin, tranchons le mot : il vous a appelé moule[4].

Le gendarme, *saluant.* – Sauf votre respect.

Boissonnade. – Vous êtes bien sûr ?

Le gendarme. – C'est consigné à[5] mon rapport.

Boissonnade, *feuilletant le dossier.* – Je vois, je vois ; seulement, de l'humeur dont je vous sais, pouvant, d'une part, suspecter à bon droit une susceptibilité toujours prête à prendre la mouche[6], d'autre part connaissant le

1. Club de notables.
2. Immédiatement.
3. Qui ne convient pas.
4. Terme injurieux signifiant *mollasson* ou *imbécile*.
5. Écrit dans.
6. Se mettre en colère.

baron comme je le connais, j'en arrive à me demander quel concours de circonstances a pu pousser à un tort aussi grave un homme si paisible et si doux, l'expression même du savoir-vivre, de la courtoisie et de l'aménité[7]. Moule ?

LE GENDARME. – Moule.

BOISSONNADE. – Le diable m'emporte si j'y comprends un mot.

L'HUISSIER, *entrouvrant la porte*. – M. le baron Larade est là.

BOISSONNADE. – Ah ! qu'il entre. – C'est bien, gendarme. Je vous rappellerai tout à l'heure.

7. Amabilité.

■ Scène 2

? A votre Avis

« Moule » est…

- ❑ le surnom du gendarme ?
- ❑ une injure ?
- ❑ une allusion à son appétit ?

LE BARON, BOISSONNADE

BOISSONNADE, *qui va au baron, la main tendue.* – Bonjour, baron. Entrez donc, je vous prie.

Le baron entre. La porte se referme derrière le dos du gendarme qui sort.

LE BARON, *piteux.* – Vous allez bien ?

BOISSONNADE. – Moins bien que vous. En voilà une aventure ! Vous insultez la gendarmerie, à présent !

LE BARON. – Ne m'en parlez pas !

BOISSONNADE. – C'est vrai, alors ?

LE BARON. – Ce ne l'est que trop !

BOISSONNADE. – Vous avez qualifié de moule le gendarme Labourbourax ?

LE BARON, *d'une voix morte.* – Oui, monsieur le procureur.

BOISSONNADE. – Le bon Dieu vous bénisse ! Une jolie affaire, baron, que vous vous êtes mise sur les bras !

LE BARON. – C'est grave, hein ?

BOISSONNADE. – Comment, si c'est grave ! Six jours à trois mois, tout bonnement.

LE BARON, *effaré.* – Trois mois… de prison ?

BOISSONNADE. – Mais dame !

LE BARON. – Je suis déshonoré !

Boissonnade. – Pas encore. Attendez un peu. Vous aurez toujours le temps de vous faire sauter la cervelle[1]. Nous allons procéder par ordre (*lui avançant une chaise*), et tout d'abord, assis sur ce siège d'infamie[2]…

Le baron, *soupirant longuement*. – La vérité qui rit !

Boissonnade, *le faisant asseoir*. – … vous allez, mon cher baron, me faire le récit détaillé de votre exécrable forfait[3]. Il convient que je sache si le monstre a la vie dure, pour le cas où… (on ne sait jamais)… je concevrais le lâche dessein de l'étouffer dans ses langes[4] !

Le baron, *lui prenant les mains*. – Cher et excellent ami !

Boissonnade, *qui s'est assis à sa table*. – Je vous écoute.

Le baron. – Mon Dieu, c'est simple comme bonjour. J'habite, vous le savez, le château de Beaux-Chênes, près[5] cette charmante ville d'Écoute-s'il-Pleut, où j'ai la prétention d'être connu assez avantageusement.

Boissonnade. – Pour cette excellente raison que vous en êtes le bienfaiteur, ainsi que personne ne l'ignore.

Le baron. – Oh ! bienfaiteur ! c'est beaucoup dire. Je dote une rosière chaque année ; j'ai fait remettre à neuf le clocher de l'église, donné des pompes[6] aux pompiers…

Boissonnade. – Pourvu d'une magnifique grosse caisse la fanfare municipale, et cætera, et cætera[7].

Le baron, *modeste*. – Tout cela est de peu d'importance, et si j'invoque le souvenir de ces petites libéralités[8], c'est à titre de simples circonstances atténuantes. Dans le même ordre d'idées et avant d'aborder la narration de

La rosière

Chaque année, une jeune fille méritante était désignée dans les petites villes et elle se voyait récompensée de ses vertus par une somme d'argent donnée par les notables. ■

1. De vous tuer.
2. De honte.
3. Odieux crime.
4. Je déciderais lâchement d'étouffer l'affaire.
5. Près de.
6. Lances à incendie.
7. Etc.
8. Donations généreuses.

mes malheurs, qu'il me soit permis de rappeler mon inébranlable[1] attachement aux principes qui nous régissent.

Boissonnade. – Au fait, baron ; au fait !

Le baron. – J'y arrive. Il y a une huitaine de jours, j'étais allé, comme à mon habitude, demander un peu d'appétit[2] à la promenade et au grand air. Toujours comme à mon habitude, j'avais emmené Anatole.

Boissonnade. – Qui ? Anatole ?

Le baron. – Mon chien.

Boissonnade. – Le petit ratier anglais qui ressemble à un radis noir ?

Le baron. – C'est cela même.

Boissonnade. – Charmant animal. J'ai l'avantage[3] de le voir quelquefois avec vous, à la musique[4], le dimanche.

Le baron. – Trop aimable. Il n'a rien que de très ordinaire. J'y suis, toutefois, fort attaché, et cela, pour plusieurs raisons : d'abord, nous ne sommes plus jeunes, lui ni moi, puis nous sommes veufs tous les deux, également intelligents – je le dis sans fausse modestie – et de commerce[5] plutôt agréable… En outre, comme tous ses pareils, cette petite bête… mon Dieu ! comment dirai-je ?… stationne volontiers le long des murs, et moi-même ayant une cystite[6], nous pouvons, au cours de nos promenades, stationner aussi fréquemment que le besoin s'en fait sentir, sans crainte de paraître ridicules l'un à l'autre… Ça n'a l'air de rien, c'est énorme : c'est sur ces petites simplifications de la vie que reposent les vraies et solides affections. Ne le pensez-vous pas ?

1. Constant.
2. M'ouvrir l'appétit.
3. J'ai le plaisir.
4. Aux concerts, dans le kiosque du jardin municipal.
5. Compagnie.
6. Inflammation de la vessie qui oblige à aller souvent aux toilettes.

Boissonnade. – Pardon, je le pense tout à fait, au contraire.

Le baron. – Il était huit heures environ, il faisait un temps magnifique. J'allais au hasard de la marche, buvant à pleins poumons l'air pur de la campagne, bénissant le Seigneur notre Dieu d'avoir fait la nature si belle, et moi si digne de la comprendre. Dans mon dos, Anatole trottait, goûtant, lui aussi, la douceur de cette ineffable[7] matinée. J'entendais derrière moi le tintin[8] du grelot pendu à son collier, un tintin qui s'accélérait et se ralentissait alternativement, selon que moi-même, plus ou moins, je hâtais le pas ou le modérais[9]. De temps en temps, pour souffler, je prenais une seconde de repos ; alors je n'entendais plus rien que le chant des alouettes invisibles, car Anatole, dans le même instant, avait fait halte sur mes pas.

Boissonnade. – Une églogue[10], quoi !

Le baron. – Soudain, au loin, par-dessus l'océan de blé mûr qui moutonnait à l'infini, je distinguai le tricorne[11] en bataille du gendarme Labourbourax ; je devinai que le hasard allait nous mettre face à face, et je me félicitai de cette bonne fortune[12]. Je suis un homme simple, monsieur le procureur, je suis un homme sans méchanceté : l'uniforme n'a rien qui m'effraie, et la vue des gens de bien me fait toujours plaisir. Je me préparais donc à jeter au gendarme un souhait affectueux de bonne santé, quand, jugez de mon étonnement ! ce militaire, qui m'avait joint[13], rectifia la position[14], et, tirant un calepin de sa poche : « Ordonnance de police, dit-il, les chiens doivent être tenus en laisse. Le vôtre étant en liberté, je vous dresse un procès-verbal. »

7. Incomparable.
8. Tintement.
9. Ralentissais.
10. Histoire idyllique et campagnarde.
11. Chapeau à trois cornes.
12. Cette chance.
13. Rejoint.
14. Reprit la position réglementaire.

Gendarme, aquarelle de Gaston Duchamp (14,7 cm × 7,2 cm), début du XXe siècle.

BOISSONNADE. – Procès-verbal !

LE BARON. – Je vous demande un peu !... Un petit chien gros comme le poing ! et gentil, et doux, et sociable[1], victime d'une mesure...

BOISSONNADE. – Une mesure de sécurité générale, sans doute, mais qui demandait à être appliquée avec quelque discernement[2]. Il est clair qu'un chien comme le vôtre, bien tenu, bien portant, gras à souhait, ne saurait être assimilé aux chiens malheureux et errants que vise l'ordonnance de police.

LE BARON. – C'est mot pour mot le discours que me tint le maire, homme charmant, à qui je m'empressai d'aller conter ma mésaventure, et qui s'en montra fort marri[3]. Il reconnut que le gendarme avait, dans la circonstance, manqué du tact le plus élémentaire, et me renvoya rassuré, m'engageant cependant, pour éviter de nouveaux ennuis, à tenir Anatole en laisse jusqu'à plus ample informé[4] : l'affaire de deux jours tout au plus, le temps, pour lui de mander[5] le gendarme et de lui glisser à l'oreille quelques mots touchant mon affaire.

BOISSONNADE. – Et vous vous conformâtes, je pense, à cet avis[6] plein de sagesse ?

LE BARON. – N'en doutez pas.

BOISSONNADE. – À la bonne heure.

LE BARON. – J'achetai donc une laisse de vingt sous et j'y attachai Anatole. Il en parut surpris, disons plus...

Il hésite.

BOISSONNADE. – ... Mortifié[7] ?

1. Qui aime la compagnie.
2. Réflexion.
3. Désolé.
4. Jusqu'à nouvel ordre.
5. Faire appeler.
6. Et vous avez suivi, je pense, cet avis.
7. Vexé.

Le baron. – Je cherchais le mot ! Mortifié. Comme j'ai eu l'honneur de vous l'exposer, il n'est plus jeune, à beaucoup près[1]. Il jouit, le ciel en soit loué ! d'une santé de tous points florissante, mais enfin, il a atteint l'âge où l'on supporte malaisément un changement dans les habitudes, et c'était, cette laisse, tout un bouleversement dans sa petite existence de chien. De l'instant, oui, de l'instant même où il cessa de se sentir libre, il se refusa systématiquement à me suivre, rivé[2] des quatre pattes au sol. En vain je tâchai de le raisonner, m'excusant, invoquant le cas de force majeure[3], en appelant à son bon cœur et faisant surgir à ses yeux l'inquiétante silhouette du gendarme : peine perdue ! il demeurait sourd, il secouait furieusement la tête, voulant dire par là, sans doute, qu'il était de mœurs insoupçonnables[4] et n'avait rien à démêler avec la gendarmerie.

Boissonnade. – Ô candeur ineffable[5] des consciences tranquilles !

Le baron. – Ainsi deux jours, nous nous promenâmes par les champs et par les bois, moi à l'avant, lui à l'arrière, tirant chacun sur une extrémité de la laisse, à ce point qu'on n'eût pu savoir lequel de nous deux tenait l'autre ; et cette vie, en vérité, devenait insoutenable et odieuse, quand brusquement, à un détour de sentier, je me retrouvai en présence du gendarme Labourbourax. « Le maire m'a parlé, me dit cet homme. Votre chien a le droit d'être libre. » « Bon ! » m'écriai-je. Et je me baissais pour détacher le mousqueton[6] fixé au collier d'Anatole, lorsque le gendarme reprit : « Vous le tenez en laisse cependant. Pourquoi le tenez-vous en laisse ? Je vous dresse un procès-verbal. »

1. Il s'en faut de beaucoup.
2. Fixé.
3. L'obligation.
4. Que ses habitudes n'étaient pas condamnables.
5. Naïveté incomparable.
6. Système d'attache.

Boissonnade, *les bras cassés*[7]. – Non ! ! !

Le baron, *après avoir, d'un mouvement de tête, confirmé l'authenticité de son récit*. – À cette déclaration inattendue, une douce gaieté s'empara de moi. Le gendarme, fronçant le sourcil, dit que je raillais[8] l'autorité.

Boissonnade. – Hé ! hé !

Le baron. – Je haussai les épaules…

Boissonnade. – Oh ! oh !

Le baron. – Le gendarme s'emporta.

Boissonnade. – Ah ! ah !

Le baron. – Je répliquai. Il m'imposa silence d'un ton que je jugeai inconvenant[9]. C'est alors que, perdant la mesure, je tournai le dos à ce militaire en lui jetant de biais cette parole qui m'amène aujourd'hui devant vous et qui demeurera à tout jamais le remords de mon existence : « Gendarme, vous êtes une moule ! »

Boissonnade, *après un silence*. – À vrai dire, si grand soit-il, votre crime perd tout intérêt, comparé à l'affaire Fualdès.

Le baron, *souriant*. – Je m'en doutais un peu. Alors ?

Boissonnade. – Alors… alors… Le diable soit de vous[10], cher ami ! Pour une fois que vous manquez de respect à un gendarme, vous n'avez pas la main heureuse[11]. Je donnerais de bon cœur cinq francs de ma poche pour que vous ayez injurié le gendarme Petit-Grignolle ou le brigadier Monpétaze ! Avec ces gens de sens rassis[12], on pourrait discuter, s'entendre !… Mais le gendarme Labourbourax dont le nom seul évoque une idée de catastrophe !…

L'affaire Fualdès

En 1817, Fualdès est égorgé et jeté dans les eaux de l'Aveyron, à Rodez. L'affaire aura un énorme retentissement en raison de l'horreur du meurtre, de l'obscurité des mobiles et du rôle nouveau joué par la presse nationale qui publia en feuilleton les événements, rumeurs et rebondissements du procès. ■

7. Stupéfait (sens figuré).
8. Me moquais de.
9. Impoli.
10. Vous êtes bien malchanceux.
11. Vous n'avez pas de chance.
12. De bon sens.

Le baron. – Il ne peut rien sans vous !

Boissonnade. – Je ne peux rien sans lui ! Nous sommes, vous et moi, dans ses mains[1] ! Qu'il n'y mette pas de complaisance[2], comme le gendarme de la chanson[3], et c'est…

Le baron. – C'est la correctionnelle[4] !

Boissonnade. – Hélas !

Le baron. – La flétrissure[5] d'une condamnation !

Boissonnade. – J'en ai plus peur qu'envie ! Enfin !… prenons toujours le vent[6]. Le diable s'en mêlera, ou je trouverai bien le moyen de vous enlever aux griffes de cette brute entêtée. (*Il va à la porte du fond et l'ouvrant.*) Gendarme !

Le baron. – Je mets mon sort entre vos mains !

Entre le gendarme Labourbourax.

1. Nous dépendons de ses décisions.
2. Bonne volonté.
3. Allusion à une chanson populaire satirique de l'époque se moquant de la gendarmerie.
4. La chambre qui punit les délits.
5. Le déshonneur.
6. Renseignons-nous.

Scène 3

LES MÊMES, LE GENDARME

BOISSONNADE. – Approchez-vous, gendarme, et causons en amis. Il est malheureusement établi que vos griefs[7] sont fondés et que M. le baron Larade s'est rendu coupable, envers vous, d'une incontinence[8] de langage.

LE GENDARME. – Il m'a appelé moule.

BOISSONNADE. – Il l'avoue, et il en est au désespoir. (*Le baron, d'un geste éloquent, prend le ciel à témoin de ses remords.*) Il me charge donc de vous transmettre l'expression d'un repentir qui n'est pas équivoque[9], et c'est de grand cœur, n'en doutez pas, que je me fais auprès de vous l'avocat de sa cause. Laissez-moi croire qu'elle est à demi gagnée déjà.

Un temps. Le gendarme demeure muet.

BOISSONNADE. – Raisonnons. Vous n'ignorez pas que M. le baron Larade est une des notabilités[10] les plus justement appréciées de notre petit coin provincial. Homme de tenue, respectueux de nos institutions, ami de l'ordre et de ses gardiens, il honore votre caractère à l'égal de votre personne…

LE BARON, *éloquent et concis*[11]. – Dieu ! ! !

BOISSONNADE. – … Et il vous serait reconnaissant…

LE BARON. – Jusque dans la nuit du tombeau !

BOISSONNADE. – … si, usant de la miséricorde[12] et du droit d'indulgence acquis à tout passé irréprochable,

Scène 3

? A votre Avis

Pourquoi le procureur convoque-t-il le gendarme ?

- ❑ Pour le punir.
- ❑ Pour essayer d'arranger l'affaire du baron.
- ❑ Pour le féliciter.

7. Motifs de plainte.
8. Un excès.
9. Qui est réel, sans ambiguïté.
10. Personnalités.
11. Bref.
12. Générosité.

vous consentiez à oublier la faute en faveur du remords qui l'expie[1].

Nouveau temps. Le gendarme se tait.

Boissonnade. – Je m'associe pleinement, pour mon compte, au vœu de ce parfait galant homme.

Même jeu.

Boissonnade, *une impatience dans la voix.* – Un peu de charité, sacrebleu ! Dieu ne veut pas la mort du pécheur[2]. Vous-même, d'ailleurs, il faut bien le dire, avez rendu compréhensible l'écart de langage en question par votre double interprétation d'abord excessive, puis absurde, d'une réglementation… tranchons le mot… élastique ! Je vous supplie d'y réfléchir. Retirez votre plainte, croyez-moi. Vous ferez ainsi œuvre de bonne grâce et vous épargnerez du même coup, à notre humble et chère petite ville, l'affront d'un scandale public, le deuil d'une intimité entre deux personnalités également considérées : la vôtre, gendarme, (*désignant le baron*) et la sienne.

Nouveau temps.

Boissonnade. – Mais répondez donc quelque chose. C'est exaspérant, à la fin !

Le gendarme. – Soit. Je répondrai en ces termes. (*Au baron.*) Avez-vous dit que j'étais une moule, oui ou non ?

Le baron, *effondré.* – Je l'ai dit.

Le gendarme. – Bien. Le pensiez-vous ?

Le baron. – Moi ? Mais pas un instant, gendarme ! pas une minute ! pas une seconde !

Le gendarme. – Vous le jurez ?

1. Vous acceptiez d'oublier la faute, étant donné le remord qui le torture.
2. Celui qui commet des fautes.

Le baron. – Sur mon honneur !

Le gendarme. – Vous n'en êtes donc que plus coupable !

Boissonnade. – Homme sans pitié !

Le baron. – Voyons, gendarme, ce n'est pas là votre dernier mot. Vous ne voudrez pas, pour une sottise qu'il est le premier à déplorer[3], infliger à un homme de soixante-cinq ans, justement orgueilleux d'une vie qu'il ose proclamer sans tache, une fin qui serait un écroulement et qu'empoisonnerait à jamais la honte d'un casier judiciaire[4] !

Boissonnade. – Et vous demeurez indifférent à une douleur si ingénue[5] ? Et l'acte de contrition[6] où s'humilie ce pauvre homme ne vous apparaît pas comme la plus éclatante de toutes les réparations ? Quel appétit de vengeance !

Le gendarme. – Pardon ! Une supposition que, moi, je l'aurais appelé visu ?

Le baron. – Eh ! Appelez-moi comme vous voulez, pourvu que vous ne m'appeliez pas en police correctionnelle. Trois mois de prison, mon Dieu !... Voyons, vous êtes père de famille ; de lourdes charges vous incombent[7], et, sans vouloir me faire l'apôtre de certaines revendications sociales, j'oserai dire que l'État ne reconnaît pas toujours avec la générosité souhaitable le mérite de ses serviteurs... Le militaire n'est pas riche, comme le dit une chanson célèbre... Si je pensais qu'une indemnité raisonnable, de cent cinquante à deux cents francs...

Boissonnade. – Êtes-vous fou, baron ?

Le gendarme, *fronçant le sourcil.* – Vous dites ?

Scène 3

3. Regretter.
4. Relevé des condamnations prononcées contre une personne.
5. Sincère.
6. Le fait de se repentir, de regretter.
7. Reviennent.

Francs et louis

Avant la Révolution de 1789 existait un autre système monétaire : il fallait 12 deniers pour 1 sou (ou sol), 20 sous pour 1 livre (ou franc) et 20 livres pour 1 louis (monnaie en or). Même après l'introduction du système décimal, on a continué pendant tout le XIXe siècle à utiliser les deux systèmes. ■

LE BARON. – Je dis que si une petite somme de vingt-cinq louis, par exemple…

LE GENDARME, *sévère, mais juste*. – Tentative de corruption envers un fonctionnaire public. Je porte plainte entre les mains du dépositaire des lois.

BOISSONNADE. – Ça y est !

LE BARON, *qui ne comprend pas*. – Quoi ?

BOISSONNADE. – Le délit est flagrant ! Article 179 ! Trois mois à six mois. C'est bien simple !

LE BARON, *qui devient fou*. – Six mois de prison… Six mois de prison… gendarme, à la fin, prenez garde !

LE GENDARME. – Plaît-il ?

BOISSONNADE. – Baron !

LE BARON, *le sang aux yeux*. – La moutarde me monte[1], gendarme !… et je commence à me demander de quoi je ne serais pas capable !… à quelles extrémités fâcheuses…

LE GENDARME, *inexorable*[2]. – Menaces à un agent de la force publique dans l'exercice et à l'occasion de ses fonctions. Je requiers[3] contre le délinquant l'application de l'article 224.

LE BARON, *de qui la folie a tourné à la démence*[4]. – C'en est trop !

Il va pour s'élancer.

BOISSONNADE, *qui, depuis un instant, s'absorbait*[5] *dans une rêverie*. – Halte-là ! Du calme, je vous prie. Gendarme, vous avez raison et votre plainte est légitime ! Je la

1. Je commence à m'énerver.
2. Sans pitié.
3. Demande.
4. Furie.
5. Se plongeait.

reçois donc en ses conséquences[6]. (*Le gendarme salue et se dispose à sortir.*) Un mot pourtant. (*Le gendarme fait halte.*) Vous avez l'heure ?

Le gendarme, *tirant sa montre.* – Midi seize minutes.

Boissonnade. – Vous avancez.

Le gendarme. – Non.

Boissonnade. – Si.

Le gendarme. – Faites excuse. J'ai réglé ma montre ce matin sur l'horloge de la caserne.

Boissonnade. – De la caserne ?

Le gendarme. – De la caserne.

Boissonnade. – En ce cas, vous êtes impardonnable, car depuis seize minutes, déjà, aux termes du manuel sur le service intérieur, vous devriez être en chapeau, en tunique et en baudrier[7]. Le fait de vous afficher à une heure aussi tardive, dans le... débraillé[8] où je vous vois, constitue donc de votre part une violation systématique des règlements en usage, un manque d'égards volontaire à la majesté d'un lieu que j'ai charge de faire respecter. (*Le gendarme essaye de placer un mot.*) Taisez-vous. (*Il prend une plume et écrit.*) « Je crois devoir signaler à l'appréciation de Monsieur le Commandant de Place l'attitude du gendarme Labourbourax qui, dans un but évident de provocation, affecte d'étonner[9] le palais de justice par l'inconvenance de sa tenue »... (*Il glisse le pli sous une enveloppe.*) Portez ce mot à son adresse.

Un temps.

6. Avec les suites qu'elle implique.
7. Bande de cuir portée en écharpe qui soutient l'épée.
8. La tenue négligée.
9. Cherche à choquer.

Illustration de Charles Léandre pour *Le gendarme est sans pitié*, 1933.

Le gendarme. – Je suis ici pour recevoir des ordres et pour les exécuter. La lettre sera remise à son destinataire.

Boissonnade. – Je l'espère bien.

Le gendarme. – Je me permettrai pourtant de faire remarquer au juge qui m'interlocute[1], qu'avec un motif pareil, je n'y couperai pas de mes trente jours[2].

Boissonnade. – Tant pis !…

Le gendarme. – Je lui ferai également observer avec tout le respect voulu que, depuis bientôt vingt-cinq ans, je sers fidèlement mon pays, que je m'honore d'avoir un livret militaire vierge de toute punition, et que celle qui m'atteint au déclin[3] de ma carrière m'est plus cruelle qu'un soufflet[4], étant un démenti[5] donné devant tout le monde à mon passé immaculé[6].

Boissonnade. – Qu'est-ce que vous voulez que j'y fasse ?

Le gendarme. – Je serais porté à penser qu'un acte de clémence, de générosité…

Boissonnade. – Où diable voulez-vous en venir !… Vous ne plaidez pas pour vous, je pense ?

Le gendarme. – Mes torts ne sont pas tellement graves que je ne puisse les présenter sous de favorables auspices[7].

Boissonnade. – Je ne vous dis pas le contraire, mais qui donne la leçon doit l'exemple. Sévérité bien ordonnée commence par soi-même, et à gendarme sans pitié, magistrat sans mansuétude[8].

Le gendarme. – J'ajouterai encore…

1. À qui je parle.
2. Je suis bon pour trente jours de prison.
3. À la fin.
4. Une gifle.
5. Une négation.
6. Sans faute.
7. Sous un jour favorable.
8. Indulgence, générosité.

Boissonnade. – Rien du tout. Voici, complété par l'adjonction[1] des deux flagrants délits nouveaux, le dossier de l'affaire Larade. Veuillez y jeter un coup d'œil et signer vos déclarations.

Très long temps. Boissonnade, debout, présente au gendarme une plume. Le gendarme, lui, demeure muet, mais d'un mutisme[2] tourmenté et nerveux qui n'est plus celui de tout à l'heure. Il mâche furieusement sa moustache, tourne les papiers entre ses doigts, en proie à un violent combat intérieur. Soudain, enfin, il se décide, et d'une voix pleine de noblesse :

Le gendarme. – Le gendarme est sans pitié, mais il n'est pas sans grandeur d'âme !

Boissonnade. – C'est à son éloge. (*Puis, voyant le gendarme déchirer les procès-verbaux.*) Que faites-vous ?

Le gendarme. – J'abdique[3] mes revendications par égard pour une tête chenue[4].

Boissonnade, *jouant l'indifférence.* – Comme vous voudrez. (*Bas au baron.*) La farce est jouée, baron. Vous pouvez retourner au cercle.

Le baron, *fou de joie.* – Vous retirez votre plainte ?... Vous retirez votre plainte ?... Gendarme, vous êtes une moule !

Le gendarme. – Hein ?

Boissonnade. – Quoi ?

Le baron. – Une mère !... La langue m'a fourché[5]... gendarme, vous êtes une mère !

1. Ajout.
2. Silence.
3. Je renonce à.
4. Aux cheveux blancs (personne âgée).
5. J'ai prononcé un mot à la place d'un autre, par erreur.

pause lecture 1

Le règlement, rien que le règlement...

▶ Le gendarme est sans pitié

Les procès-verbaux (scène 1)

1 Où se déroule la pièce ? Qui est M. Boissonnade ? VOIR ? PAGE 17

2 À qui le gendarme Labourbourax a-t-il dressé des procès-verbaux ?

Un gendarme susceptible : l'affaire Nivoire

3 Pourquoi le gendarme a-t-il dressé un procès-verbal à l'épicier ? En quoi est-ce comique ?

4 Que reproche M. Boissonnade à Labourbourax (l. 15 à 49) ? Comment s'exprime le gendarme (l. 32 à 53) ?

Un gendarme ignorant : l'affaire du menuisier Lacaussade

5 De quoi le menuisier Lacaussade s'est-il rendu coupable, selon le gendarme ? Sur quels mots le malentendu repose-t-il ?

6 Comparez les réactions de M. Boissonnade devant les procès-verbaux (l. 77 à 134). À quoi voit-on, dans sa façon de parler, qu'il est de plus en plus en colère ?

Un gendarme imprévisible : l'affaire du baron Larade

7 Pourquoi cette affaire semble-t-elle plus sérieuse que les deux précédentes ?

8 En quoi y a-t-il contradiction entre les faits et la personnalité du baron ?

Le récit du baron (scène 2)

1 **De quoi le baron a-t-il qualifié le gendarme ?** **VOIR ? PAGE 24**

2 **Combien de procès-verbaux le gendarme a-t-il dressés au baron ?**

Un gendarme inflexible

3 Pour quelle raison le gendarme dresse-t-il le premier procès-verbal ? Du point de vue de la loi, qui est en tort ?

4 Quels sont les points communs entre Anatole et son maître ? Menacent-ils l'ordre public ? Appuyez votre réponse sur des citations du texte.

Un gendarme illogique

5 Quelles sont les conséquences de la première décision du gendarme pour Anatole ? Montrez que le baron parle de son chien comme d'une personne, en vous appuyant sur des exemples précis.

6 Quel est le motif du deuxième procès-verbal ? Pourquoi la nouvelle décision du gendarme est-elle contraire au bon sens ?

La réaction du baron

7 À quelle peine le baron risque-t-il d'être condamné ? Quelles seraient les conséquences pour lui ?

8 Relevez les expressions que M. Boissonnade emploie pour qualifier l'affaire du baron. Est-il tout à fait sérieux ? Justifiez votre réponse.

Le gendarme pris à son propre piège (scène 3)

1 **Que veut tenter le procureur en convoquant le gendarme dans son bureau ?** VOIR **?** PAGE 33

2 **Pourquoi le gendarme déchire-t-il les procès-verbaux, à la fin de la pièce ?**

L'appel à la clémence

3 Quels sont les différents arguments utilisés par le procureur pour faire changer d'avis le gendarme ?

4 Par quel jeu de scène le refus du gendarme est-il marqué ?

La réaction du baron

5 Relevez les didascalies qui accompagnent les paroles du baron. Quels sentiments successifs indiquent-elles ?

6 De quels nouveaux délits le baron se rend-il coupable ?

Le stratagème de M. Boissonnade

7 De quoi le procureur accuse-t-il le gendarme ? En quoi peut-on dire qu'il le prend à son propre jeu ?

8 Que tente de faire le gendarme ? Quels sont ses arguments ? Combien de fois le titre de la pièce est-il cité ? Par qui ? Montrez que la pièce se termine sur une réplique comique.

Du texte à l'image

Comparez les illustrations → voir dossier images p. I et II

Illustration de Charles Léandre pour *Le gendarme est sans pitié*, 1933.

Colère d'un gradé dans les bureaux, illustration de Dubout pour *Les Gaîtés de l'escadron* de Georges Courteline, 1952.

1 Quelle est l'impression dominante donnée par le gendarme dans le document I ? Et par le deuxième gendarme (document II) ? Que suggère l'état du bureau ?

2 Comment l'artiste met-il en valeur, dans le document II, la différence entre le gendarme et l'autre personnage au premier plan ?

3 Quel épisode de la pièce le premier document illustre-t-il ? Justifiez votre réponse par des détails précis. Quelle est l'attitude du gendarme ?

À vous de jouer

Écrivez une scène

Transposez en scène théâtrale la seconde rencontre entre le baron Larade et le gendarme dans la campagne, racontée dans la scène 2 (l. 153 à 164). Respectez les caractéristiques de l'écriture théâtrale (présentation du dialogue, didascalies…).

lire

Feydeau

Gibier de potence

1883

texte intégral

Qui sont les personnages ?

Plumard

Cet ancien herboriste a épousé Pépita, une actrice d'opérette. Jaloux, il cherche à faire arrêter Taupinier, un ami de sa femme.

Son plan fonctionnera-t-il ?

Pépita

Actrice très courtisée, elle croit, après la lecture d'un journal, que l'un de ses visiteurs est un meurtrier. Son nom de scène est la Lamballe.

Découvrira-t-elle la vérité ?

Lemercier

Professeur à Quimper, il est venu se distraire à Paris sous le faux nom de Lemercier. Il ignore qu'un meurtrier porte le même nom que celui qu'il a choisi.

Parviendra-t-il à éviter la prison ?

Taupinier

L'amoureux de Pépita croit aveuglément l'actrice, même lorsqu'elle se figure que Lemercier est un assassin.

Que va-t-il se passer lorsqu'il va se retrouver seul avec lui ?

Les personnages

- **Plumard.**
- **Taupinier.**
- **Lemercier.**
- **Dubrochard.**
- **Pépita.**
- **Mariette.**
- **Deux agents.**

Pièce représentée pour la première fois à Paris, le 1er juin 1883, au Cercle des Arts intimes[1].

La scène se passe à Paris de nos jours.

1. Club privé où la pièce est présentée le 1er juin 1883, avec Feydeau lui-même dans le rôle de Lemercier. Elle sera ensuite jouée au Concert parisien devant le public le 20 février 1885.

Un salon octogone[1], chez Plumard, mobilier élégant. – Porte au fond donnant sur le vestibule. – À gauche, premier plan[2], une cheminée. – À droite, premier plan, une porte donnant dans les appartements de Plumard. Dans le pan coupé[3] de gauche, une porte donnant sur un cabinet noir. – Dans le pan coupé de droite, une porte donnant dans les appartements de Pépita. – Entre la porte du fond et le pan coupé de droite, une petite console[4]. – À droite, premier plan, sur le devant de la scène, une table avec un tapis et ce qu'il faut pour écrire. – À droite et à gauche de la table, une chaise. – Au premier plan à gauche, sur le devant de la scène, une autre chaise. – Au fond, de chaque côté de la porte d'entrée, une chaise. – Sur la cheminée un mètre impliable en bois ; contre la cheminée, un petit cerceau à sonnettes pour enfant.

? A votre Avis

Plumard écrit :

- ❑ une lettre de réclamation ?
- ❑ une lettre de dénonciation ?
- ❑ une lettre de remerciement ?

Scène 1

PÉPITA, PLUMARD

PLUMARD, *écrivant à la table de droite…* – … Vous le reconnaîtrez facilement à son air de profond crétinisme[5]. Signé : un anonyme… qui ne dit pas son nom. (*Parlé.*) Là ! voilà qui est fait… Et maintenant à nous deux, mon bonhomme.

PÉPITA, *lisant le journal.* – Ah ! mon Dieu !

PLUMARD, *sursautant.* – Qu'est-ce qu'il y a ?

PÉPITA. – Elle est morte.

1. Octogonal (à huit côtés).
2. Sur le devant de la scène.
3. Mur oblique.
4. Table placée contre un mur.
5. De profonde stupidité.

PLUMARD. – Qui ça ?

PÉPITA. – La victime du crime de Suresnes[6].

PLUMARD. – Oui ? Eh bien ! qu'est-ce que ça me fait à moi ?

PÉPITA, *avec dédain.* – Monsieur Plumard ! vous n'avez pas de cœur… Toutes les fois que ce n'est pas vous qui mourez, ça vous est égal.

PLUMARD. – Ah ! tu sais, c'est le mépris de la vie qu'avaient nos pères… le mépris de la vie des autres.

PÉPITA. – Tenez ! vous ! vous êtes trempé comme un Curiace.

PLUMARD. – Ma bonne amie, on dit « cuirasse… » Tu ne dis pas un « curiassier ! » mais un « cuirassier[7]… » il ne faut pas confondre cur et cuir…

PÉPITA. – Oh ! vous ne les confondez pas, vous, les cuirs[8]… *(À part.)* Quel ignare[9] ! Et dire que c'est mon mari… Ah ! pourquoi faut-il que moi, la Lamballe[10]… une étoile d'opérette[11] à la mode, j'aie épousé cet ancien herboriste[12]…

Elle se plonge dans son journal.

PLUMARD. – C'est étonnant comme la femme est ignorante sur certaines choses.

PÉPITA. – … Après une nuit d'agonie… pendant laquelle le sang de la jeune femme s'était complètement tourné…

PLUMARD. – Quand le sang tourne on doit prendre des dépuratifs[13]… trois sous de chicorée amère, quatre sous de cresson[14]… Si elle avait vu un herboriste…

PÉPITA. – Mon ami ! on ne vous demande pas de consultation.

Curiace/Cuirasse

Curiace est le nom d'un personnage d'une pièce de Corneille (*Horace*, 1640). Pépita confond avec « cuirasse », une armure en acier « trempé », ou plongé dans de l'eau froide après avoir été chauffé pour le rendre plus solide. Le mot est ici employé au sens figuré : « Vous êtes endurci. » ■

6. Ville de la banlieue ouest de Paris.
7. Cavalier portant une cuirasse.
8. Jeu de mots, *cuir* signifie *faute de langage*, au sens figuré.
9. Ignorant.
10. Nom de scène de Pépita.
11. Actrice vedette dans des opérettes ou petits opéras comiques.
12. Personne qui vend des plantes médicinales.
13. Plantes qui purifient l'organisme.
14. Deux sortes de salades.

Plumard. – Je ne dis pas non ! mais tu sais, nous autres, dans la médecine…

Pépita. – Où ça ? La médecine ! je vous demande un peu ! un ancien herboriste ! Ce n'est pas de la médecine, c'est tout au plus du médicament.

Plumard. – Les médecines[1] sont des médicaments, ma bonne amie.

Pépita. – Oui, c'est bon ! *(Lisant.)* « La malheureuse est morte… on a même profité de cela pour l'enterrer… » *(Parlé.)* C'est horrible !

Plumard. – Ah ! qu'est-ce que tu veux… la mort, c'est la vie !

Pépita. – Et cet assassin qu'on ne retrouve toujours pas… C'est égal, à l'heure qu'il est, on doit le tenir… Nous verrons ça dans un journal du soir… Quand Taupinier sera là, je l'enverrai…

Plumard. – Ah ! M. Taupinier va venir !

Pépita, *se levant.* – Ça vous fâche… Mais qu'est-ce que vous avez donc contre lui ?…

Plumard, *sèchement.* – Moi ! rien ! *(Pépita lève les épaules et se replonge dans sa lecture. Au public :)* Il fait la cour à ma femme, voilà tout ; et ça me vexe… quand il vient, on m'envoie faire jouer Bébé… avec ce cerceau. Voilà six mois que ça dure ! heureusement je ne suis pas un de ces maris aveugles… j'ai tout compris… depuis hier soir… Ah ! c'est que j'ai lu *Othello*… Un drame d'un Anglais… qui écrit même très bien le français pour un étranger… Ça m'a ouvert les yeux ! J'ai pensé tout de

Othello

Drame du grand auteur anglais Shakespeare (1564-1616). Othello, mari jaloux, tue sa femme en l'étouffant avec un oreiller, persuadé qu'elle l'a trahi.
Plumard n'a pas compris qu'il avait lu une traduction.

1. Remèdes naturels.

suite aux oreillers… mais j'ai trouvé ça un peu anglais pour moi… J'ai préféré quelque chose de plus gascon[2]… J'ai pris une plume et j'ai écrit au commissaire de police : (*Tirant sa lettre de sa poche et lisant.*) « Monsieur le commissaire, soyez chez M. Plumard, 7, rue aux Ânes, ce soir à cinq heures ! vous trouverez dans un salon un malfaiteur de la pire espèce ! vous le reconnaîtrez facilement à son air de profond crétinisme. » – Entre nous je n'étais pas fâché de le bêcher[3] un peu !… Il est quatre heures moins cinq et dans une heure cinq… Ah ! nous allons bien rire.

On sonne.

Scène 2

LES MÊMES, TAUPINIER

TAUPINIER. – C'est moi.

PÉPITA. – Ah ! vous arrivez bien ! Vous allez retourner me chercher un journal du soir et puis vous passerez à la préfecture de police…

TAUPINIER. – Encore ! Quelle existence ! C'est bon ! je m'envole et je reviens, rapide comme l'oiseau.

Fausse sortie.

PLUMARD, *entre les dents.* – Va donc, pierrot[4] !

TAUPINIER. – Qu'est-ce qu'il faudra faire à la préfecture ?

2. De plus courageux, les Gascons étaient réputés pour leur côté vantard.
3. En dire du mal (expression familière).
4. Idiot.

Pépita. – Demander si l'on n'a pas retrouvé ma petite broche… ma tête de chien en diamant… vous savez.

Plumard. – Ah ! ton petit Médor.

Taupinier. – Oui ! Auquel madame tenait tant… parce que c'était un souvenir.

Plumard, *brusquement*. – Un souvenir ! Ah ! de qui donc ?

Pépita, *vivement*. – Eh ! bien, de chose… machin… mon père… qui l'avait porté toute sa vie… vous comprenez si j'y tiens ?

Plumard. – Une relique[1] paternelle, c'est sacré… Ainsi comme cela, votre père portait des broches en diamant ?

Pépita, *balbutiant*. – Oui, dans les bals officiels ! Comme il n'était pas décoré[2], alors pour ne pas avoir l'air d'un domestique…

Plumard. – Oui… on prenait cela pour un ordre étranger[3]…

Taupinier. – C'est très ingénieux !… Allons ! je me sauve…

Plumard, *le rattrapant par le pan[4] de son vêtement*. – Ah ! dites donc !… pas pour longtemps au moins… Oh ! mais vous avez le temps, vous savez… il est quatre heures cinq, vous avez encore quarante-cinq bonnes minutes devant vous !

Taupinier, *qui ne comprend pas*. – Ah ! j'ai…

Plumard. – Oui ; seulement soyez là un peu avant cinq heures, vous me ferez plaisir.

1. Un souvenir.
2. Il n'avait pas de décoration.
3. Décoration décernée par un pays étranger.
4. Le bout.

TAUPINIER. – Bon ! Bon ! Adieu !

Il sort.

PÉPITA. – Quel excellent garçon !

PLUMARD. – Oui, va ! mais nous allons bien rire tout à l'heure ! mon Dieu ! que nous allons rire !

Scène 3

LES MÊMES, MARIETTE, *puis* LEMERCIER

MARIETTE. – Madame, c'est un monsieur qui s'appelle M. Lemercier ! Il demande si madame est visible[5] ?

PÉPITA. – Lemercier ?… Inconnu. Faites entrer et priez d'attendre ! Venez-vous, Plumard !

PLUMARD. – Voilà ma bonne amie !

Ils sortent.

MARIETTE. – Si monsieur veut prendre la peine d'entrer, madame vient dans un instant…

LEMERCIER, *portant un panier, contenant un petit chien, sous un bras et un parapluie sous l'autre.* – Vous avez annoncé M. Lemercier, n'est-ce pas ?…

MARIETTE. – Oui, monsieur.

LEMERCIER. – C'est bien.

Elle sort.

5. Habillée pour recevoir une visite.

Scène 4

LEMERCIER, *seul*

LEMERCIER. – M. Lemercier, c'est ça, c'est bien ça… Quand je dis « c'est bien ça », ça n'est pas ça du tout… Je m'appelle Aristide Grognard… professeur de rhétorique[1] à Quimper. Quant à Lemercier, c'est le nom de ma belle-mère… parce que, quand je fais mes fredaines[2], je ne tiens pas à compromettre mon nom[3]… alors je prends celui de ma belle-mère. Or, je les fais, de ce moment-ci, mes fredaines… Oui ! comme je suis sans ma femme à Paris, je me suis dit : je vais aller chez une actrice… j'adore les actrices, c'est mon vice ! et voilà comment je suis chez la Lamballe, la célèbre Lamballe des Folies-Érotiques, comme un boudiné[4]… je m'emboudine[5] en ce moment… Enfin, je lui apporte ce petit chien, à la Lamballe. C'est tout un roman !… Hier soir, j'étais aux Folies-Érotiques. Derrière moi, deux gandins[6] ; l'un d'eux dit à l'autre : « Dis donc, tu ne sais pas, Hector, la Lamballe a perdu Médor ! » Je me rappelle qu'il s'appelait Hector, parce que ça faisait deux vers.

Reprenant.

« Dis donc, tu ne sais pas, Hector,
La Lamballe a perdu Médor ! »

« Allons donc ! – Oui, Médor, ce ravissant bijou, ce petit chien que lui avait donné le prince. » – Alors, moi, il me vient une idée. Je me dis : « Voilà mon affaire ! Si je pouvais lui retrouver son Médor, ce serait piquant[7] !… » Et ce matin je me mets à suivre tous les chiens… avec mon parapluie, parce que comme il faisait justement ce temps-

Les salles de spectacle

Le nom « Folies-Érotiques » (l. 12) est calqué sur celui des Folies-Bergère, célèbre salle de spectacle créée en 1867. Les « folies » au XVIIIe siècle désignaient les maisons de plaisir. Ce nom a été repris pour baptiser les cafés-concerts dont les actrices étaient souvent des femmes entretenues. ■

1. Classe de 1re aujourd'hui.
2. Petits écarts de conduite sans gravité.
3. Mettre en danger ma réputation.
4. Se dit de quelqu'un serré dans ses vêtements. Ici, sans doute un bourgeois bien portant et ridicule.
5. M'embourgeoise.
6. Jeunes gens à la mode.
7. Amusant.

là… un temps de chien, vous comprenez… Tout à coup je vois un roquet[8] assez gentil qui flânait sur un amour de petit tas d'ordures. J'ai un pressentiment ! Je crie : « Médor ! Médor ! » Je lui tends un morceau de sucre ; il arrive et il mange mon sucre : je savais bien que c'était lui ! Bref… *(Fredonnant.)* « C'est Médor que je lui ramène. » On vient ! Ce doit être la Lamballe… (*Il retire son paletot*[9] *et le place avec le panier sur la chaise au fond.*) Et maintenant à nous la galanterie française ! De la tenue et que rien ne trahisse le professeur : « *Sic itur ad astra*[10] ! »

? A votre Avis

Qui Lemercier vient-il voir ?

- ❑ Mme Plumard.
- ❑ Pépita.
- ❑ La Lamballe.

Scène 5

LEMERCIER, PLUMARD

LEMERCIER, *apercevant Plumard.* – Hein ! un homme ?

PLUMARD, *saluant.* – Monsieur, heureux et fier ; j'ai bien l'honneur…

LEMERCIER, *machinalement, tout en dévisageant Plumard.* – Monsieur… croyez que la réciproque[11]… (*À part.*) Ah çà ! quel est ce personnage ?

PLUMARD. – Prenez donc la peine de vous asseoir.

Il lui indique la chaise qui est près de la cheminée. Lemercier gagne celle qui est à gauche de la table.

LEMERCIER, *s'inclinant.* – J'allais vous le dire !… (*Ils s'asseyent.*) Pardon de mon indiscrétion, mais je serais curieux… j'aimerais… Enfin, c'est vous qui servez de mère ici ?…

8. Petit chien hargneux qui aboie pour un rien.
9. Manteau court.
10. *Voilà comment on monte aux étoiles* (traduction du latin).
11. J'ai bien l'honneur également.

Les actrices

Du fait de leur statut ambigu, les actrices, pour respecter les convenances, étaient souvent accompagnées d'une personne présentée comme leur mère, leur tante ou leur oncle. Elle était censée leur servir de chaperon (les accompagner partout). ■

PLUMARD. – Plaît-il ?

LEMERCIER. – Oui, de mère d'actrice !… C'est connu… c'est vous qui êtes l'oncle ? quoi ?… quand il n'y a pas de mère, il y a toujours un oncle… un personnage respectable… avec des décorations !… vous n'avez pas de décorations, vous ?…

PLUMARD. – Non, monsieur, pas jusqu'à présent ! Mais ma femme connaît un Turc qui…

LEMERCIER. – Oui, parfaitement… Enfin… vous êtes quelque chose dans la maison !

PLUMARD. – Comment quelque chose ? Mais je suis M. Plumard.

LEMERCIER, *se levant et faisant mine de sortir*. – Monsieur Plumard ! Mais je ne suis donc pas chez la Lamballe ?

PLUMARD, *redescendant*. – Si, monsieur ! La Lamballe, c'est ma femme.

LEMERCIER. – Alors, vous êtes M. Lamballe ?

PLUMARD. – Non, je suis M. Plumard, comprenez-vous ?

LEMERCIER. – Moi ! si je… pas du tout. Parce que je vais vous dire : généralement la femme porte le nom du mari… Ainsi ma femme s'appelle madame Grognard, parce que je m'appelle monsieur… monsieur Lemercier… (*À part, se levant*.) J'ai dit une bêtise.

PLUMARD, *se levant*. – Tenez, monsieur, je crois qu'il conviendrait de mettre sous vos yeux une page de ma vie. Je serai bref. Prenez donc la peine de vous asseoir.

Lemercier. – J'allais vous le dire !

Ils s'asseyent. – Passade[1].

Plumard. – J'étais herboriste, monsieur, et de mœurs honnêtes. Un jour, mademoiselle Lamballe m'envoya chercher parce qu'elle était souffrante. Elle avait des étourdissements ; grâce à mes soins, le lendemain, elle se portait à merveille. Je lui avais ordonné… de ne rien faire du tout. C'est très bon !

Lemercier. – Oui, mais seulement il ne faut pas en prendre beaucoup.

Plumard. – Le lendemain elle se portait à merveille et quinze jours après, je l'épousais… Cinq mois plus tard, monsieur, j'étais père de famille ! Ma femme me donnait un gros bébé parfaitement constitué.

Lemercier. – Allons donc !

Plumard. – Parole d'honneur ! C'est même un cas très rare, vous savez. J'ai voulu, dans l'intérêt de la science, adresser un rapport à l'Académie de médecine, mais ma femme s'y est opposée. C'est égal, j'aurais voulu voir comment les savants auraient expliqué cela ! Enfin qu'en pensez-vous, monsieur ?

Lemercier, *se levant*. – Mon Dieu, je dirais comme Suétone : « *Illud omnem fidem excedit*[2] ! »

Plumard, *saluant*. – Vous êtes bien honnête !… (*À part.*) Ce doit être un pharmacien !… (*Haut.*) Et voilà comment mademoiselle Lamballe est devenue madame Plumard, tout en conservant son nom de jeune fille pour le théâtre,

1. Moment de silence.

2. *Cela dépasse toute forme de confiance* (traduction du latin). Allusion à la naïveté de Plumard.

parce que je ne tiens pas à ce que mon nom traîne sur les affiches.

LEMERCIER. – Vous avez raison… mais, dites-moi ? Madame… Plumard sait-elle que je suis là ?…

PLUMARD. – Oui, oui… elle va venir. (*À part.*) Il est très bien, ce pharmacien : ce doit être un pharmacien de première classe[1].

LEMERCIER. – C'est curieux, je n'ai pas très chaud… Vous permettez ? (*Il met son paletot.*) Je ne sais pas si vous êtes comme moi, mais dès que je n'ai pas mon paletot, j'ai froid !

PLUMARD, *apercevant le panier dont il soulève le couvercle.* – Tiens ! un chien !

LEMERCIER. – Chut ! c'est la surprise ! pas un mot !

Scène 6

LES MÊMES, PÉPITA

PÉPITA. – Je suis désolée, monsieur, de vous avoir fait attendre.

LEMERCIER, *prenant le panier et le dissimulant derrière son dos.* – J'allais vous le dire, madame !

PÉPITA. – Prenez donc la peine de vous asseoir.

LEMERCIER. – J'allais encore vous le dire.

Ils s'asseyent.

1. Très important.

PÉPITA. – Et, puis-je savoir monsieur, ce qui me vaut l'honneur…

LEMERCIER. – Mon Dieu, madame, c'est très simple !… (*À part.*) Qu'elle est belle, cette femme !

PÉPITA. – Eh bien !

LEMERCIER. – Je viens tout simplement, madame déposer à vos pieds…

PÉPITA. – Quoi donc ?… Un manuscrit sans doute !… Je vois ce que c'est ! Vous êtes un jeune ?…

LEMERCIER, *se redressant.* – Un jeune ?… certainement ! Et depuis longtemps encore… mais non, ce n'est pas un manuscrit que je vous apporte, c'est un amour de petit toutou.

Il découvre le chien.

PÉPITA, *étonnée.* – Un chien !

LEMERCIER. – Oui. Je vous demande pardon de vous le donner comme cela de la main à la main. Je l'avais bien mis dans une boîte à bonbons ; mais il a mangé tous les bonbons et il a manqué d'égards vis-à-vis de la boîte.

PÉPITA. – Vous êtes trop aimable, monsieur ! Mais je ne vois pas…

LEMERCIER. – Eh ! c'est Médor ?

PÉPITA. – Quel Médor ?

LEMERCIER. – Mais le Médor que vous avez perdu (*Fredonnant.)* « C'est Médor que j'vous ramène. »

? A votre Avis

Pour qui Pépita prend-elle Lemercier ?

- ❑ Un admirateur.
- ❑ Un créancier.
- ❑ Un nouvel auteur dramatique.

Plumard, *pouffant*[1]. – Ah ! elle est bien bonne ! non, ma parole, elle est bien bonne ! Ça, Médor ?

Lemercier. – Est-ce que par hasard ?…

Pépita. – Mais non, monsieur ! Mon Médor est une tête de chien.

Lemercier, *ahuri*. – Un chien décapité.

Pépita. – Et il est en diamants.

Lemercier. – Ah ! c'est un chien en diamants ! Bigre ! ce n'est point une race ordinaire, et moi qui croyais… que… ouf ! J'ai chaud… vous permettez. (*Il ôte son paletot.*) Je ne sais pas si vous êtes comme moi, mais dès que j'ai mon paletot…

Pépita. – Enfin, monsieur, vous voyez que ce Médor ne ressemble pas au mien.

Lemercier. – En effet, madame, le mien est de qualité plus inférieure. Enfin, madame, l'intention y était.

Pépita. – Certes, monsieur.

Lemercier. – *Errare humanum est*[2] ! N'est-ce pas ?

Pépita. – Vous êtes espagnol, monsieur ?

Lemercier. – De Quimper ! oui, madame… *Errare humanum est* ! Autrement dit : Tout homme peut se tromper !

Plumard. – Mon Dieu, monsieur, c'est le fait de toute l'humanité ! Ainsi, tenez, cela me rappelle une aventure : j'étais à Asnières et je pêchais à la ligne. Ça ne mordait

1. Ricanant.
2. *L'erreur est humaine* (traduction du latin).

pas ! Tout à coup mon bouchon fonce ! Je dis : « C'est une ablette[3] ! » C'était une perruque, monsieur.

LEMERCIER, *cherchant.* – Mais, monsieur, ça n'a aucun rapport !...

PLUMARD, *digne.* – Mais je n'ai pas dit que ça avait du rapport ! J'ai dit : ça me rappelle une aventure. (*À part.*) Qu'est-ce qu'il a à faire le pédant[4], ce pharmacien ! il est au moins de septième classe[5].

Pépita énervée hausse les épaules.

LEMERCIER. – Oh ! madame, croyez que je regrette...

PÉPITA, *souriant.* – Pas plus que nous, monsieur.

PLUMARD. – Oui, c'est dommage ! parce que vous comprenez bien que nous ne pouvons pas vous remettre la petite récompense. (*Lemercier fait un mouvement.*) Dame ! du moment que vous ne rapportez pas l'objet... Avec la meilleure volonté du monde...

PÉPITA, *vivement.* – Monsieur Plumard ?

PLUMARD. – Ma bonne amie !

PÉPITA, *impatientée.* – Vous, m'obligeriez bien[6] d'aller faire jouer Bébé ; je crois qu'il pleure.

Plumard se lève sans mot dire, avec dignité, et gagne la porte de droite.

PLUMARD, *au moment de sortir, à part.* – Oui, je m'en vais, pour ne pas avoir l'air ridicule, mais nous allons bien rire tout à l'heure, nous allons bien rire.

3. Petit poisson d'eau douce.
4. Personne qui fait étalage de sa culture.
5. De dernière classe, peu important.
6. Me rendriez bien service.

Scène 7

PÉPITA, LEMERCIER

PÉPITA. – Au moins, monsieur, ne vous offensez pas de ce que vous a dit mon mari ; il est très gai de sa nature, et il a voulu faire une plaisanterie.

LEMERCIER. – Spirituel… Il est spirituel[1], M. votre mari… il n'en a peut-être pas l'air, mais il doit l'être.

Scène 8

LES MÊMES, TAUPINIER

TAUPINIER. – Je n'ai pas été long ? On n'a rien trouvé !

LEMERCIER, *à part*. – Quel est ce boudiné ?

PÉPITA, *les présentant*. – M. Taupinier ! M. Lemercier !

TAUPINIER. – Enchanté de faire votre connaissance.

LEMERCIER. – J'allais vous le dire.

TAUPINIER. – Mon père connaissait beaucoup un M. Lemercier… c'était son pédicure[2] ! Est-ce que par hasard…

LEMERCIER. – Mon Dieu, non monsieur… Je n'exerce pas dans… cet ordre d'idées.

TAUPINIER. – Au fait, c'est vrai ; ce Lemercier doit être mort à l'heure qu'il est : il était déjà gâteux à ce

1. Plein d'esprit.
2. Celui qui soignait ses pieds.

moment-là ; je regrette, monsieur, nous aurions refait connaissance.

Il remonte vers Pépita.

LEMERCIER. – Je regrette aussi, monsieur. (*À part, voyant Taupinier et Pépita qui causent ensemble.*) Je crois que je ferais bien de m'en aller. (*Haut.*) Madame, je vous demanderai la permission de prendre congé de vous ! Je suis bien heureux d'avoir fait votre connaissance, *o formosa puella*[3].

PÉPITA. – Et moi, je vous remercie encore une fois de toute votre complaisance[4] !

LEMERCIER. – Oh ! je vous en prie ! (*À part.*) Allons, je remporte mon chien ! Viens, Médor ! (*Grommelant…*) Pédicure !

Il prend son paletot, son chapeau, puis le chien, et sort en oubliant son parapluie.

3. *Ô ravissante jeune femme* (traduction du latin).
4. Amabilité.

pause lecture 2

Des intrigues qui se croisent

▸ Gibier de potence (scènes 1 à 8)

Une scène d'exposition (scènes 1 et 2)

1 **Que fait Plumard au lever du rideau ?** VOIR ? PAGE 48

2 **Que lit Pépita dans la scène 1 ?**

Les personnages

3 Qu'évoquent les noms des personnages par leurs sonorités ? À quelle classe sociale appartiennent-ils ?

4 Que révèlent les didascalies dans le dialogue sur la broche en diamant (scène 2, l. 10 à 25) ? En quoi l'explication de Pépita est-elle comique ?

L'action

5 Le crime de Suresnes a-t-il un rapport avec l'intrigue telle qu'elle se dessine à la fin de la scène d'exposition ?

6 Pourquoi Plumard écrit-il une lettre anonyme ? Qui vise-t-elle ?

Une comédie légère

7 Que reproche Pépita à son mari ? Sur quelle situation caractéristique du vaudeville le comique repose-t-il ?

8 Sur quel mot Plumard donne-t-il une leçon de vocabulaire à Pépita ? À quel moment révèle-t-il sa propre ignorance ?

Une arrivée imprévue (scènes 3 et 4)

1 Qui arrive chez les Plumard ? Pourquoi cache-t-il son identité ?

2 Qui vient-il voir ? VOIR **?** PAGE 55. Qu'apporte-t-il ?

Un personnage inattendu (scène 3)

3 L'arrivée de Lemercier a-t-elle été préparée dans l'exposition ? Justifiez votre réponse.

4 Est-il connu des trois autres personnages ?

Un monologue instructif (scène 4)

5 Quelle est la particularité de cette scène ? À qui Lemercier s'adresse-t-il en fait ?

6 Pourquoi Lemercier cite-t-il du latin à la fin de la scène ? Relisez le passage qui précède. Quel est l'effet produit ?

Un personnage mal informé

7 Que vient faire Lemercier chez la Lamballe ? Par quel moyen espère-t-il se faire bien voir d'elle ?

8 Quelles sont les deux erreurs qu'il commet ?

Des quiproquos en cascade (scènes 5 à 8)

1 **Pourquoi Lemercier est-il surpris par la présence de Plumard ? Pour qui le prend-il ?**

2 **Pour qui Pépita prend-elle Lemercier ?** **VOIR ? PAGE 59**

Une discussion décousue (scène 5)

3 Quels sont les mouvements des deux personnages tout au long de la scène ? Qu'apportent-ils à la mise en scène ?

4 Dans quelles circonstances Pépita a-t-elle rencontré puis épousé Plumard ? Qualifiez l'attitude du mari quand il raconte comment il est devenu papa. Comment Lemercier réagit-il ?

Quiproquos et jeux de mots (scènes 6 à 8)

5 Que pense Pépita de la citation latine de Lemercier (scène 6, l. 51) ? Montrez que la réplique suivante de Lemercier est encore plus comique.

6 Par quel terme Lemercier qualifie-t-il Taupinier quand il le voit pour la première fois ? Pourquoi ?

7 Pour qui Taupinier prend-il Lemercier ? Est-ce un compliment pour lui ?

Du texte à l'image

Observez l'illustration ➜ voir dossier images p. III

1 Qu'est-ce qui est mis en valeur dans le dessin ? l'habit ou la personne ?

2 De quoi est composé le costume ? Que cherche-t-il à mettre en valeur chez la femme ?

3 En quoi peut-il convenir au personnage de Pépita ?

Costume de Francis Levasseur pour le personnage de Lucette dans *Un fil à la patte* de Georges Feydeau à la Comédie-Française, 1961.

À vous de jouer

Jouez une scène

Apprenez et jouez la scène 1 en respectant bien les indications des didascalies pour les jeux de scène.

Écrivez une scène

Écrivez un monologue sur le modèle de celui de la scène 4, dans lequel Taupinier préciserait ses intentions vis-à-vis de Pépita.

Scène 9

TAUPINIER, PÉPITA

TAUPINIER. – Ah çà ! qu'est-ce que c'est que ce Lemercier ?

PÉPITA. – Je ne sais pas, un vieux fou !... qui parle latin et qui n'est pas méchant !... Avez-vous le journal ?....

TAUPINIER. – Oui, voilà *La France*.

PÉPITA, *dépliant le journal.* – Donnez !... Voyons !... *Le crime de Suresnes !*... Voilà. (*Lisant.*) « Enfin l'assassin est découvert ! Ce scélérat-t-était... »

TAUPINIER. – Il tétait ! Pauvre petit !

PÉPITA. – Soyez donc sérieux ! (*Lisant.*) « Ce scélérat était autrefois l'amant de la victime et se nomme Lemercier. » (*Parlé.*) Ah ! mon Dieu ! « Il a disparu la nuit du crime et jusqu'à présent l'on ignore où il peut être... » (*Parlé.*) Si c'était lui, je suis tout émue.

TAUPINIER, *railleur*[1]. – Oh ! quelle idée !... comment voulez-vous...

PÉPITA. – Oh ! ces assassins sont si audacieux. Vous voyez d'ailleurs que l'on ne sait pas où il est ; et il se peut très bien...

TAUPINIER. – Que vous êtes enfant !

PÉPITA, *continuant à lire.* – « Nous publions le signalement de ce criminel qui est en ce moment activement recherché. C'est un homme de quarante-cinq ans aux cheveux châtains. » (*Parlé.*) C'est bien ça...

1. Moqueur.

TAUPINIER. – Comment, c'est bien ça, mais le nôtre est presque blanc.

PÉPITA. – Précisément, c'est le remords ! sans cela il serait resté châtain. On a vu des gens devenir complètement blancs, en une nuit ! Et puis, il a peut-être une perruque !

TAUPINIER, *commençant à avoir des soupçons.* – C'est possible.

PÉPITA. – Oh ! je suis toute bouleversée. (*Lisant.*) « Aux cheveux châtains ; ses yeux sont noirs… » (*Parlé.*) Ah ! mon Dieu, je n'ai pas regardé ses yeux !… et vous, Taupinier ?…

TAUPINIER. – Moi non plus !…

PÉPITA, *lisant.* – « Il a le nez ordinaire, la bouche ordinaire, il lui manque la troisième molaire gauche de la mâchoire inférieure. » (*Parlé.*) Ah ! notez cela ! La troisième molaire, c'est important. *(Lisant.)* « Sa taille mesure un mètre soixante-dix. » (*Parlé.*) Qu'est-ce que ça représente un mètre soixante-dix ?

PÉPITA. – Mon Dieu, c'est tout à fait sa taille. Oh ! c'est affreux ! (*Lisant.*) « Détails particuliers : l'assassin a une fraise[2] sur le sein droit. » (*Parlé.*) Une fraise sur le sein droit ! (*Lisant.*) « Il porte des gilets de flanelle rouge. » (*Parlé.*) C'est bien difficile à vérifier. (*Elle pose son journal.*) Oh ! quand je pense que c'est peut-être un criminel qui était devant moi tout à l'heure !

On sonne.

TAUPINIER. – On a sonné.

PÉPITA. – N'importe, je n'y suis pour personne… (*Apercevant le parapluie laissé par Lemercier.*) Tiens, son parapluie.

2. Une tache de naissance rouge.

Il peut nous renseigner, nous donner quelque indice ! On ne sait pas ! (*Prenant le parapluie.*) Venez voir, mon ami !

TAUPINIER, *ouvrant le parapluie.* – Mon Dieu, il n'a rien de particulier.

Scène 10

PÉPITA, TAUPINIER, LEMERCIER

LEMERCIER. – Pardon, madame, si je…

TAUPINIER, PÉPITA, *ils se rapprochent instinctivement l'un de l'autre.* – Lui…

LEMERCIER, *les voyant tous deux sous le parapluie.* – Tiens ! elle a mon parapluie ! Il pleut donc ici ?

PÉPITA, *très émue.* – Oui, vous voyez, nous nous promenions et comme il fait très mauvais temps depuis un mois…

TAUPINIER. – Il est prudent de prendre son parapluie.

LEMERCIER. – Son parapluie ! comme vous dites ! Aussi est-ce lui que je viens chercher.

PÉPITA, *interceptant le parapluie au moment où Taupinier le tend à Lemercier.* – C'est bien aimable à vous, mais nous ne vous laisserons pas partir par cet affreux temps. Veuillez donc, je vous prie, prendre la peine de vous asseoir.

? A votre Avis

Pourquoi Lemercier revient-il ?

- ❑ Pour récupérer son parapluie.
- ❑ Pour faire la cour à Pépita.
- ❑ Pour ramener Médor.

Scène 10

LEMERCIER. – J'allais vous le dire.

Il prend un siège au fond et l'apporte au milieu de la scène, puis s'assied.

PÉPITA, *bas, à Taupinier.* – C'est bien lui !... Il a les yeux noirs.

TAUPINIER, *bas, à Pépita.* – Et son nez, tout à fait un nez ordinaire.

PÉPITA, *bas, à Taupinier.* – Et la bouche donc !...

LEMERCIER, *à part.* – Qu'est-ce qu'ils ont donc à me regarder comme ça ? (*Brusquement.*) Ah !

TAUPINIER ET PÉPITA, *sursautant.* – Qu'est-ce qu'il y a ?

LEMERCIER. – Je ne vous disais pas, vous savez bien, Médor ? Eh bien, je m'en suis débarrassé !

PÉPITA, *vivement.* – Vous l'avez tué ?

LEMERCIER. – Hein ?... Ma foi non, je n'y ai même pas pensé ; non, je l'ai donné.

PÉPITA. – Ah ! Vous l'avez...

TAUPINIER, *ahuri, répétant machinalement.* – ... l'avez.

LEMERCIER. Moi, je l'ai lavé... Non ! il était très propre... je vous dis que je l'ai donné à la fille de votre concierge ; je lui ai dit : « Mademoiselle, voulez-vous me permettre de vous offrir ce chien ? » Elle a été bien heureuse. Elle m'a répondu : « Oh ! Oh ! c'est maman qui sera contente, justement elle avait envie d'avoir un chat ! »

Pépita et Taupinier rient avec complaisance[1].

1. Par politesse.

PÉPITA. – Vous avez très bien fait.

TAUPINIER. – Il est bête comme chou, cet imbécile-là.

LEMERCIER, *se levant et posant son chapeau sur la table de droite*. – Madame, je vous demanderai la permission de retirer mon paletot.

Il retire son paletot, qu'il plie avec soin, se disposant à le placer sur la chaise qui est à gauche de la table.

PÉPITA. – Mais faites donc, je vous en prie. (*À Taupinier.*) Ah ! dites donc ! Quelle idée ! vous allez vérifier... sa taille. (*Elle prend le mètre.*) Tenez, prenez.

TAUPINIER. – Hein ! comment ! mais c'est que ce ne sera pas facile...

PÉPITA. – Essayez toujours.

LEMERCIER, *le dos tourné, tout en pliant son paletot, pendant que Taupinier essaie de le mesurer*. – Je ne sais pas si vous êtes comme moi... (*Il se retourne, aperçoit le manège*[1] *de Taupinier qui prend un air calme, en faisant le moulinet avec son mètre*[2].) Qu'est-ce qu'il a donc celui-là ? (*Il passe devant la table, en remontant un peu ensuite, comme pour placer son paletot sur la chaise à droite de la table. Taupinier le suit, et de nouveau essaie de le mesurer...*) Je ne sais pas si vous êtes comme moi. (*Il se retourne, et aperçoit Taupinier le mesurant.*) Encore ! (*Taupinier affecte*[3] *de prendre les dimensions de la table. D'un coup de son mètre, il envoie promener le chapeau de Lemercier.*) Mais c'est mon chapeau, monsieur. (*Il le ramasse, le place sur la console, puis gagne la chaise qui est à droite de la porte du*

1. Comportement.
2. En faisant tourner son mètre en l'air.
3. Fait semblant.

→ Du texte à l'image p. 44

Le gendarme est sans pitié

Illustration de Charles Léandre, 1933.

→ Du texte à l'image p. 44

Colère d'un gradé dans les bureaux

Illustration de Dubout pour *Les Gaîtés de l'escadron* de Georges Courteline, 1952.

→ Du texte à l'image p. 67

Lucette

Costume de Francis Levasseur pour *Un fil à la patte* de Georges Feydeau à la Comédie-Française, 1961.

→ Du texte à l'image p. 94

La Vie parisienne

Affiche de Jules Chéret pour l'opéra bouffe, 1866.

fond, pour placer son paletot. Taupinier le suit avec son mètre.) Je ne sais pas si vous êtes comme moi…

Pour mieux plier son paletot, il se courbe en deux devant la chaise, les jambes très écartées, de sorte que Taupinier ne peut mesurer que jusqu'au bas des reins.

TAUPINIER. – Tiens ! je l'aurais cru plus haut que ça !

LEMERCIER, *se redressant.* – Hein ! (*Taupinier affecte de mesurer le mur… il gagne ainsi jusqu'à Pépita*[4] *qui est à gauche de la scène.*) Ce n'est pas un homme, c'est un architecte !

Il gagne le devant de la scène.

PÉPITA, *bas, à Taupinier.* – Eh bien !

TAUPINIER, *bas, à Pépita.* – Eh bien, pas moyen, il bouge toujours !…

LEMERCIER, *à part.* – Qu'est-ce qu'ils ont donc à chuchoter tout bas ?

TAUPINIER. – Parlez-lui donc, cela le fera rester tranquille.

LEMERCIER, *à part.* – Je suis sûr qu'ils font des réflexions désagréables sur mon compte !…

PÉPITA. – Ainsi, monsieur, vous avez donné Médor à la concierge ?

Taupinier passe derrière Lemercier et tente de le mesurer encore. Au moment où Taupinier va réussir, Lemercier s'assied.

LEMERCIER, *s'asseyant.* – Que vouliez-vous que j'en fisse ?

Taupinier reste ahuri, son mètre en l'air, en regardant Lemercier qu'il n'a pu mesurer et qui

4. Il rejoint ainsi Pépita.

le regarde. Pour se donner une contenance[1]*… il se fend*[2] *dans le vide avec son mètre comme s'il faisait des armes*[3] *; il finit par marcher sur le pied de Lemercier, qui pousse un cri.*

TAUPINIER, *allant à Pépita.* – Je n'y arriverai jamais !

LEMERCIER, *à part.* – Quel drôle de pistolet[4] ! (*Haut et sans qu'on l'écoute.*) Vous comprenez facilement…

PÉPITA, *à part.* – Quelle idée !… (*À Taupinier.*) Bâillez…

TAUPINIER, *à Pépita.* – Hein ?

LEMERCIER, *qui a entendu le « hein ? ».* – Quoi ?

PÉPITA, TAUPINIER. – Rien !…

Temps.

PÉPITA, *bas, à Taupinier.* – Je vous dis de bâiller !…

TAUPINIER, *bas, à Pépita.* – Mais je n'ai pas envie ; pourquoi ça ?

LEMERCIER, *essayant de placer un mot* – Vous… comprenez… facilement…

PÉPITA, *bas, à Taupinier.* – De cette façon nous verrons s'il lui manque sa molaire gauche.

LEMERCIER. – Vous comprenez facilement… (*À part.*) Ils n'ont pas l'air de m'écouter. (*Pépita prend une chaise et s'assied à gauche. Taupinier s'assied sur la chaise de droite. Lemercier est assis au milieu, sur la chaise qu'il avait été chercher. Jeu de scène. Taupinier rapproche sa chaise de Lemercier de façon à être sur lui. Celui-ci recule la chaise du côté de Pépita. Même jeu, une seconde fois, de façon à ce*

1. Pour avoir l'air naturel.
2. Lance sa jambe loin en avant.
3. De l'escrime.
4. Quel individu bizarre !

que les trois personnages fassent un groupe serré sur le devant de la scène.) Vous comprendrez facilement… (*Pépita bâille bruyamment dans la figure de Lemercier qui se retourne vers Taupinier.*) Vous comprenez facilement… (*Taupinier bâille bruyamment, Lemercier se tourne vers Pépita.*) Que dans ma position… (*Pépita bâille, même jeu.*) Que dans ma position… (*Taupinier bâille.*) Oui !… Je vois que ça ne vous intéresse pas beaucoup.

TAUPINIER, *bâillant.* – Du tout, monsieur, mais continuez donc, je vous prie.

LEMERCIER. – Trop aimable, vous comprenez facilement… (*De quelque côté qu'il se retourne, l'un ou l'autre lui bâille à la figure. Ahurissement de Lemercier. Jeu de scène.*) Allons, bon ! voilà que ça me gagne aussi…

Il bâille. Pépita et Taupinier se précipitent pour regarder dans sa bouche. Lemercier, par politesse, met sa main devant.

PÉPITA, TAUPINIER. – Manqué !

LEMERCIER, *se levant et reportant sa chaise dans le fond.* – Ils sont vexés, mais je m'en moque, ce sont eux qui ont commencé…

TAUPINIER, *bas, à Pépita.* – Si nous essayions pour la fraise ?

PÉPITA, *bas, à Taupinier.* – Au sein droit ?

LEMERCIER, *à part.* – Non, mais si je suis de trop pourquoi m'ont-ils fait rester ?

TAUPINIER, *même jeu.* – Nous aurons peut-être plus de chance, oui, mais comment ?

Pépita, *même jeu.* – C'est très délicat.

Lemercier met son paletot.

Pépita, *vivement.* – Comment, monsieur, vous nous quittez ?

Lemercier. – Du tout, madame, mais je ne sais si vous êtes comme moi, mais dès que je n'ai plus mon paletot, j'ai froid.

Pépita. – Désirez-vous prendre quelque chose ?

Lemercier. – Jamais entre mes repas.

Pépita. – Pas même des fruits ?

Taupinier. – Des fraises, voilà qui est bon des fraises.

Pépita. – Je suis sûre que vous les aimez ?

Lemercier. – Je les adore, seulement je ne peux pas les souffrir[1] : un jour, j'en ai tellement mangé que j'en ai eu une indigestion, et depuis, voyez-vous, j'ai la fraise sur l'estomac[2].

Pépita, *bas, à Taupinier.* – Sur l'estomac ! Vous avez entendu ?

Taupinier, *bas, à Pépita.* – Oui.

Pépita, *bas, à Taupinier.* – Il s'est trahi !

Lemercier. – Ce n'est pas Dieu possible ! Ils ont un grain[3] !

Pépita, *à part.* – Ah ! j'en aurai le cœur net. (*À Taupinier.*) Dites que vous avez froid.

Taupinier. – Vous ne trouvez pas qu'il fait froid ici ?

1. Supporter.
2. Les fraises me restent sur l'estomac.
3. Ils sont fous.

Lemercier. – Si… si, aussi je vous demanderai la permission de quitter mon paletot.

Il quitte son paletot.

Taupinier. – Comment, vous avez froid et vous quittez…

Pépita, *avec intention.* – Ah ! c'est que monsieur doit porter de la flanelle[4] ?

Lemercier. – C'est un vêtement indispensable.

Pépita. – Je suis de votre avis, d'ailleurs aujourd'hui on en fait de si coquets[5] !…

Taupinier. – Qu'il devient presque élégant d'en porter.

Pépita. – On en voit de toutes les couleurs.

Taupinier. – Des blancs !…

Pépita. – Des bleus !…

Taupinier. – Des verts !…

Pépita. – Des jaunes !…

Taupinier. – Des tricolores ! On en fait même des tricolores, oui, monsieur… pour les patriotes…

Lemercier, *par complaisance.* – Pour les patriotes, oui, monsieur ! (*À part.*) Non, mais ! Qu'est-ce que ça me fait à moi !…

Pépita, *hésitant.* – Mon Dieu, vous me direz que je suis bien indiscrète, mais je voudrais… j'aimerais… enfin, monsieur, de quelle couleur sont vos gilets de flanelle ?

Lemercier. – Hein ?

4. Des gilets de laine, très doux.
5. Jolis.

TAUPINIER, *se précipitant sur Lemercier* – Répondez vite, ne cherchez pas !

LEMERCIER. – Quelle drôle de conversation ! Mon Dieu, madame…

TAUPINIER. – Pas de subterfuges[1] ! Parlez vite !…

PÉPITA, *à part*. – Ah ! s'il dit rouge… ce sera clair !

LEMERCIER. – Eh bien, ils sont jaunes, parbleu.

PÉPITA, *bas, à Taupinier*. – Jaunes ! Plus de doute ! C'est l'assassin, il dissimule[2] !

TAUPINIER. – Oui !…

PÉPITA, *de même*. – Toutes les preuves sont contre lui !

TAUPINIER, *bas, à Pépita*. – Oui, vous avez raison, on voit que c'est un criminel, rien qu'à son œil !… Tenez, regardez son œil.

Lemercier est dans le fond, complètement baissé, en train de prendre son paletot, on ne l'aperçoit que de dos.

LEMERCIER, *à part*. – Quelle maison ! Si je m'en allais !…

Il met son paletot.

PÉPITA. – C'est affreux !

TAUPINIER. – Il a dû aller au bagne !…

PÉPITA. – Avez-vous remarqué qu'il met toujours son paletot, qu'il a toujours froid ?

TAUPINIER. – Parbleu ! l'habitude des pays chauds.

1. Détours, ruses.
2. Il ment.

Lemercier, *à part.* – Ah ! mais ils m'agacent à la fin ! Non, mais si je vous gêne…

Pépita. – Ne faites pas attention.

Taupinier. – Nous ne nous occupons pas de vous.

Lemercier. – On n'est pas plus aimable !… Mais Plumard, qu'est-ce qu'il devient dans tout ça ?

Pépita. – Ne perdons pas de temps !… Je vais courir chez le commissaire de police !… (*À Lemercier.*) Monsieur, monsieur, je vous laisse avec M. Taupinier.

Scène 11

Taupinier, Lemercier

Taupinier, *à part.* – Ouf ! quelle position ! Seul avec un malfaiteur ! on a beau être courageux…

Lemercier, *à part.* – Pourquoi me laisse-t-elle en compagnie de ce petit gandin[3] mal élevé ?

Taupinier, *à part.* – N'ayons l'air de rien[4], pour ne pas lui donner des soupçons !

Il chantonne d'un air brave.

Lemercier, *à part.* – Avec cela il a un air impertinent qui me crispe ! J'ai envie de lui donner une leçon !

? A votre Avis

Pourquoi Taupinier reste-t-il seul avec Lemercier ?

- ☐ Pépita est allée chercher la police.
- ☐ Pépita est allée chercher Plumard.
- ☐ Taupinier veut lui parler seul à seul.

3. Jeune homme à la mode.
4. Jouons les innocents.

TAUPINIER, *considérant Lemercier.* – Ah ! c'est la première fois que je vois un assassin de si près !

LEMERCIER, *marchant sur Taupinier.* – Pardon, monsieur, je voudrais savoir ce que vous avez à me dévisager de la sorte ?

TAUPINIER, *reculant.* – Moi, je vous...

LEMERCIER, *de même.* – Je n'aime pas les gens de votre espèce !

Taupinier est acculé[1] *à l'avant-scène gauche.*

TAUPINIER, *à part.* – De mon espèce ! il a vu que je ne suis pas de la *confrérie*[2] ! Ah ! je n'ai qu'un moyen... (*Haut.*) Eh bien, non ! chut ! je vais tout vous dire, chut !... chut ! chut ! chut ! chut ! chut !...

Il marche sur Lemercier.

LEMERCIER. – Ce n'est pas un homme, c'est une locomotive.

TAUPINIER. – Je ne suis pas ce que vous croyez, non, je ne suis pas un honnête homme, un banal honnête homme. Oh ! fi[3] ! un honnête homme ! je suis un criminel, moi !

LEMERCIER, *reculant.* – Hein ?

TAUPINIER, *marchant sur lui.* – Un grand criminel comme vous ! même plus grand que vous ! J'ai tué mon père, j'ai tué ma mère, j'ai tué mon frère, j'ai tué ma sœur, j'ai tué le concierge... (*À part.*) S'il ne m'arrête pas, je vais tuer tout le monde. (*Haut.*) J'ai tué...

LEMERCIER, *de même, et se garant derrière la table de droite.* – Qu'est-ce qu'il dit ?

1. Poussé jusqu'à ce qu'il ne puisse plus reculer.
2. Association (ici, de criminels).
3. Pouah ! (interjection pour marquer le dédain).

Taupinier, *de même.* – J'ai fait des crimes en masse.

Lemercier, *à part.* – Ah ! mon Dieu ! et l'on me laisse avec cet homme ! mais c'est un guet-apens[4] !

Il tourne autour de la table et gagne vivement le côté gauche, en empoignant sur son passage la chaise qui est près de la cheminée.

Taupinier, *id*[5]. – En un mot, je n'aime que le crime et tous les criminels sont mes amis… C'est pourquoi… (*À part.*) Allons, du courage, il le faut ! (*Haut.*) C'est pourquoi je vous tends la main.

Sans regarder il saisit un des pieds de la chaise dont Lemercier se fait un bouclier.

Lemercier. – Qu'est-ce qu'il dit ?

Taupinier. – Parce que je sais que vous aussi, vous êtes un grand, un très grand malfaiteur…

Lemercier. – Hein ! quoi ? je !… moi !… Tu… (*À part.*) Il me prend pour… Oh ! de l'aplomb[6]. (*Haut et reposant avec force à terre la chaise qui écrase le pied de Taupinier.*) Vous avez raison, monsieur. (*Il lui tend la main.*) Je suis heureux de vous serrer la main… cette main qui a trempé dans tant de crimes !… nous sommes dignes l'un de l'autre…

Taupinier. – Mon cher confrère…

Ils se serrent la main.

Lemercier, *à part.* – Sa main brûle comme le feu.

Taupinier, *à part.* – Sa main est froide comme l'acier !

Lemercier. – Ah ! le fait est que j'ai commis des crimes en nombre incalculable…

4. Piège.
5. Abréviation de *idem* : de même.
6. Du courage.

TAUPINIER. – Oh !… vous, je sais, parbleu ! votre carrière est faite.

LEMERCIER. – Ah ! c'est que j'ai quelques années de service, voyez-vous…

TAUPINIER. – Oh ! mais moi, j'ai commencé si jeune !

LEMERCIER. – Oh ! pas tant que moi !

TAUPINIER. – Ce serait à voir !

LEMERCIER. – Je vous assure…

TAUPINIER. – J'étais encore au maillot[1], monsieur ! Un jour, dans un juste ressentiment[2] contre ma nourrice qui me préférait trop souvent certain militaire, je mordis si fort le sein de cette femme qu'elle en mourut… et le militaire aussi…

LEMERCIER. – Ah ! le… Pardon, pourquoi le militaire ?

TAUPINIER, *sombre*. – De douleur, monsieur !

LEMERCIER, *à part*. – Quel monstre ! (*Haut*.) Eh bien ! moi, mes premiers exploits datent de plus loin encore !

TAUPINIER. – Est-il possible ?

LEMERCIER. – Je n'étais pas né, monsieur ! Nous étions deux, dans le sein de ma mère ! Je dis à mon frère jumeau : « Il y a un de nous deux qui est de trop ici, monsieur ! » et sur-le-champ, je lui brûlai la cervelle[3] ! Voilà ! (*À part*.) Ouf !

TAUPINIER. – Mon cher confrère…

Ils se serrent la main. Un temps.

1. J'étais encore bébé.
2. Une colère fondée.
3. Lui tirai une balle dans la tête.

Scène 11

LEMERCIER. – Mais dites-moi ! Au point où nous en sommes, nous pouvons tout nous dire ! Je vous vois là… Que venez-vous faire dans cette maison ?

TAUPINIER. – Ah ! voilà !

LEMERCIER. – Un nouveau crime, hein ? Vous venez pour affaire.

TAUPINIER, *prenant un air terrible.* – Eh bien ! oui, là ! Je vais tout vous dire… Je viens pour tuer Plumard.

LEMERCIER, *avec pitié.* – Ce pauvre Plumard !

TAUPINIER. – Est-ce que vous auriez pitié de lui ?

LEMERCIER, *se gendarmant*[4]. – Pitié ! ne dites-vous pas que j'ai de la pitié ! mais qu'est-ce que c'est que ça, la pitié !

TAUPINIER, *très ému.* – C'est un hôpital[5]…

LEMERCIER. – Est-ce que ça existe, la pitié ? Non, mais, voulez-vous que nous le tuions ensemble, Plumard ? Dites ! le voulez-vous ?

TAUPINIER. – Moi ! je veux bien.

LEMERCIER, *très dégagé*[6]. – Eh bien ! il est mort ! (*À part.*) Je ne croyais pas que j'arriverais à être aussi criminel que ça. (*Haut.*) Mais pourquoi voulez-vous le tuer, Plumard ?

TAUPINIER. – Parce que j'aime sa femme.

LEMERCIER. – La Lamballe ?

TAUPINIER. – J'en suis fou[7] !

LEMERCIER. – Vous êtes fou ?

4. Se grondant.
5. Nom donné à l'hôpital de la Pitié-Salpêtrière à Paris.
6. À l'aise.
7. J'en suis follement amoureux.

TAUPINIER, *se montant.* – Oui ! fou ! fou ! Oh ! amour ! délice…

LEMERCIER, *distrait.* – Et orgue !… masculin au singulier, féminin au pluriel…

TAUPINIER. – Eh ! là… Eh ! là !… Vous parlez comme un professeur…

LEMERCIER, *s'oubliant.* – Dame ! je le suis…

TAUPINIER. – Hein ? Vous ! professeur ?…

LEMERCIER, *vivement.* – Dans… dans un collège d'assassins… de petits assassins ! (*À part.*) J'ai failli me trahir. Ouf !

Il tombe assis dans un fauteuil.

TAUPINIER, *tombant dans un autre fauteuil.* – Il y a des collèges d'assassins ! Ô progrès ! Ô civilisation !

Ils sont aux deux bouts de la scène, étalés chacun dans un fauteuil, et s'éventent[1]*, anéantis.*

Scène 12

LES MÊMES, PLUMARD

Plumard entre par le fond, sans être vu des deux autres qui sont enfouis, muets dans leurs fauteuils. Il ferme la porte du fond à double tour.

PLUMARD, *mettant la clef dans sa poche.* – Comme cela il ne se sauvera pas ! La police est en bas !… Et je me glisse

Amour, délice et orgue

Ce sont les trois seuls noms communs qui changent de genre quand ils changent de nombre. Au singulier, ils sont masculins, au pluriel, féminins (*un amour enfantin, des amours enfantines*). ■

1. Se rafraîchissent en agitant l'air.

furtivement pour jouir[2] de ma vengeance… quand on arrêtera mon Taupinier. Ah ! nous allons bien rire tout à l'heure, nous allons bien rire !

Il gagne à pas de loup la porte de droite, premier plan.

Lemercier, *à part.* – C'est égal, j'ai eu une heureuse inspiration en me faisant passer pour un scélérat[3] ! sinon mon affaire était faite[4].

Taupinier, *à part.* – Quelle ingénieuse idée j'aie eue ! sans cela, j'étais frit[5].

On entend du bruit dans la coulisse.

Lemercier et Taupinier. – Qu'est-ce que c'est que ça ?

La voix de Dubrochard. – Au nom de la loi, ouvrez !

Lemercier et Taupinier. – La police !

La voix de Dubrochard. – Ouvrez, entendez-vous ?

Lemercier et Taupinier se précipitent l'un vers l'autre et se prennent mutuellement au collet[6].

Lemercier et Taupinier, *ensemble.* – Bougez pas !… (*À part.*) Filons !

Ils se sauvent chacun d'un côté. Taupinier sort par la porte de gauche, premier plan. Lemercier, par la porte de droite, premier plan.

2. Profiter.
3. Criminel.
4. J'aurais été tué.
5. J'étais fait (familier).
6. S'attrapent chacun par le col.

Scène 13

PLUMARD, DUBROCHARD, DEUX AGENTS,
puis **LEMERCIER** *et* **TAUPINIER**

LA VOIX DE DUBROCHARD. – Ouvrez, ou j'enfonce la porte !

PLUMARD, *sortant de son cabinet.* – Attendez, j'y vais. (*Il ouvre.*) Ah ! nous allons bien rire.

DUBROCHARD. – Au nom de la loi, je vous arrête.

PLUMARD. – Qu'est-ce qu'il dit ?

DUBROCHARD. – Suis délégué du commissaire… vieil ami… m'a dit en déjeunant… « Dubrochard, j'ai la goutte[1]… tu vas opérer arrestation… criminel à ma place… »

PLUMARD. – Vous ?

DUBROCHARD. – Moi… Dubrochard, vieux militaire… présentement épicier, rue Quincampoix… voici prospectus[2]… où prenez-vous votre café ?…

PLUMARD. – Chez Potin…

DUBROCHARD. – Bon ! circonstance aggravante… suivez-nous !

PLUMARD. – Mais vous plaisantez ?

DUBROCHARD. – Plaisante jamais avec le devoir… vous dis de nous suivre, crebleu[3] ! et un peu vite…

PLUMARD. – Quand je vous dis que ce n'est pas moi ! là !

DUBROCHARD. – Avons signalement ! malfaiteur pire espèce… air profond crétinisme.

? A votre Avis

Qui a fait appeler Dubrochard ?

- ☐ Pépita.
- ☐ Plumard.
- ☐ Taupinier.

1. Inflammation douloureuse des articulations.
2. Publicité.
3. Juron.

Plumard, *minaudant*[4]. – Eh bien !…

Dubrochard. – N'avez donc jamais regardé dans la glace. Crénom ! faut pas nous la faire, savez… faut pas nous la faire.

Plumard. – Mais je vous répète que je suis un bon citoyen.

Dubrochard. – Vous demande pas vos opinions politiques… défendues, questions politiques.

Plumard. – Mais au nom du ciel !

Dubrochard. – S'agit pas de ciel ! Défendues, questions religieuses.

Plumard. – Ah ! tenez, je n'y tiens plus et je vous avoue franchement…

Dubrochard. – C'est bon ! tiendra compte… nom de nom ! (*Aux agents.*) Vous ! inscrivez qu'il avoue.

Plumard. – Mais, pas du tout… mais je vous dis que ce n'est pas moi… celui que vous cherchez, il vient de partir, tenez, par là…

Il indique la porte de gauche.

Dubrochard. – Eh ! bien, alors, on le dit… il faut parler.

Plumard. – Mais, voilà une heure…

Dubrochard. – Taisez-vous !

Plumard, *grognant*. – Taisez-vous… et il veut que je parle.

Dubrochard, *allant à la porte de gauche*. – Nous allons bien voir… (*Haut.*) Au nom de la loi, ouvrez !

4. Faisant des manières.

Taupinier, *passant la tête à la porte et indiquant la porte par laquelle est sorti Lemercier.* – Ce n'est pas ici, monsieur, c'est en face.

Dubrochard. – D'mande bien pardon, monsieur... Si vous voulez un prospectus de ma maison, j'ai de l'excellent café ! *(Il lui remet un prospectus. Allant à la porte de droite.)* Au nom de la loi, ouvrez !

Lemercier, *passant la tête et indiquant la porte par laquelle est sorti Taupinier.* – En face, monsieur, en face !...

Dubrochard. – Comment ! en face, j'en viens... Ce que c'est que ces fumisteries[1]-là ? (*Aux agents.*) Arrêtez-les tous les deux !

Lemercier et Taupinier. – Pourquoi donc ça ?

Dubrochard. – Ça ne vous regarde pas...

Scène 14

Les mêmes, Pépita

Pépita. – Ah ! mon Dieu, qui fait tout ce bruit ?

Taupinier. – Ah ! madame, venez me sauver... on me prend pour le criminel...

Pépita. – Jamais de la vie ! le criminel... le voilà !

Lemercier. – Moi ?

1. Blagues, farces.

Scène 14

DUBROCHARD. – Ah ! c'est vous ! votre nom, un peu vite…

LEMERCIER. – *O pater ! O mater mei*[2]…

DUBROCHARD. – C'est bon… passez les prénoms, votre nom de famille, sacrebleu !

LEMERCIER. – Je suis Grognard…

DUBROCHARD. – Vous demande pas votre caractère.

LEMERCIER. – Je vous dis que je m'appelle Grognard… professeur de rhétorique à Quimper…

TOUS. – Il ment.

PÉPITA. – C'est Lemercier, l'assassin de Suresnes.

DUBROCHARD. – Lui aussi !… Mais on l'a déjà arrêté ce matin !

TOUS. – Hein !

LEMERCIER. – Mais quand je vous dis… Tenez, voici mes papiers… Lemercier, c'était un pseudonyme[3]…

DUBROCHARD. – C'est juste !

TAUPINIER. – Mais tous les crimes que vous m'avez contés ?…

LEMERCIER. – Invention !… pour vous donner la réplique[4].

TAUPINIER. – Eh ! bien, et moi aussi !

LEMERCIER ET TAUPINIER. – Ah ! mon cher confrère !

Ils se serrent la main.

DUBROCHARD. – Non ! mais alors le criminel… où est-il ?

PÉPITA. – Dame ! alors il n'y en a pas…

2. *Ô père ! Ô mère…* (traduction du latin).
3. Faux nom.
4. Jouer un rôle.

Dubrochard. – Il n'y en a pas ?… mais alors, qu'est-ce qu'il racontait, le commissaire ?… Non, mais est-il bête ! (*Aux agents.*) Allez dire au commissaire qu'il n'y a pas plus de criminel que dans votre œil.

Sortie des agents.

Lemercier. – Eh bien ! moi, j'en ai assez des actrices… je retourne à Quimper…

Dubrochard. – Et moi, à mon épicerie… Et si le commerce ne va pas, eh bien ! je me fais commissaire de police… s'cregnion gnieu gnieu[1] !…

1. « Sacré nom de Dieu » (grommellements).

pause lecture 3

Une situation embrouillée

▶ Gibier de potence (scènes 9 à 14)

Le quiproquo s'installe (scènes 9 et 10)

1 **Pour quelle raison Lemercier revient-il chez Plumard ?** VOIR ? PAGE 70
Pour qui Pépita et Taupinier le prennent-ils ?

2 **Que vont tenter de faire Pépita et Lemercier dans la scène 10 ?**

Une découverte surprenante (scène 9)

3 Sur quoi l'erreur de Pépita repose-t-elle ? Faites la liste des indices donnés pour identifier l'assassin. Quels sont ceux qui concordent avec le physique de Lemercier ?

4 Quelles hypothèses Pépita fait-elle pour la couleur des cheveux ? Quels indices sont plus difficiles à vérifier ?

L'investigation (scène 10)

5 Quelles sont les différentes étapes de leur enquête ? Délimitez-les précisément. Pourquoi les didascalies sont-elles aussi nombreuses ?

6 Que font Pépita et Taupinier lorsque la réalité ou les réponses de Lemercier ne correspondent pas à ce qu'ils recherchent ? Donnez des exemples précis.

Le comique

7 Dans les scènes 9 et 10, relevez quelques exemples de comique de langage, de comique de gestes, de comique de situation, de comique de caractère.

Jeux de masques (scène 11)

1 **Pourquoi Taupinier reste-t-il seul avec Lemercier ?** VOIR ? PAGE 79

2 **Pour qui se fait-il passer ?**

La ruse de Taupinier (l. 1 à 50)

3 Dans quel état d'esprit Taupinier est-il au début de la scène ? Par quel procédé théâtral le spectateur est-il mis au courant ?

4 Dans quel but se fait-il passer pour un assassin ? Quel verbe ne cesse-t-il de répéter ? Quel est l'effet produit ?

La réaction de Lemercier (l. 51 à 60)

5 Quelles sont les différentes étapes de la réaction de Lemercier ? Aidez-vous des didascalies et des apartés pour répondre à la question.

6 À quelle ruse a-t-il lui aussi recours ? En quoi est-ce comique ?

La surenchère (l. 61 à 86)

7 À quelle surenchère les deux personnages se livrent-ils ? Relevez les exemples les plus grotesques. Comment s'appellent-ils l'un l'autre ?

8 À quels moments Lemercier est-il sur le point de se trahir ? Comment rattrape-t-il ses erreurs ?

Le dénouement (scènes 12 à 14)

1 Pourquoi la police intervient-elle ? VOIR ? PAGE 86

2 Que décide Lemercier à la fin de la pièce ?

Premiers quiproquos (scène 12)

3 Expliquez pourquoi les trois personnages sont très contents d'eux-mêmes au début de la scène. Pourquoi sont-ils tous dans l'erreur ?

4 En entendant la voix de Dubrochard, pourquoi Lemercier et Taupinier se précipitent-ils l'un sur l'autre, puis cherchent-ils à s'enfuir ? De quelle sorte de comique s'agit-il ?

Nouveau quiproquo (scène 13)

5 Qui Dubrochard arrête-t-il en premier ? et ensuite ? Pour quelles raisons ? Est-il véritablement commissaire ?

6 Comment conduit-il son interrogatoire ? Qu'est-ce qui caractérise son langage ? À quels moments son véritable métier reparaît-il ?

Bas les masques (scène 14)

7 Comment le quiproquo sur Lemercier est-il levé ? Par quelle expression explique-t-il son attitude à Taupinier (l. 23) ? Montrez qu'elle prend un double sens dans le contexte.

8 Tous les éléments des différentes intrigues sont-ils résolus ? Qui n'a pas obtenu ce qu'il voulait ?

Du texte à l'image

Observez l'illustration → voir dossier images p. IV

Affiche de Jules Chéret pour l'opéra bouffe *La Vie parisienne*, 1866.

1 Qui sont les auteurs de cet opéra bouffe ?
Qui est le compositeur ?

2 Comment cette affiche est-elle composée ?

3 Quelle impression dominante se dégage de cette affiche ?
Grâce à quoi ?

À vous de jouer

Jouez une scène

Apprenez et jouez les scènes 11 ou 13 en tenant compte des didascalies pour les jeux de scène. Vous n'oublierez pas les différents accessoires (chaises, mètre…).

Écrivez une lettre

Lemercier écrit à un ami pour lui raconter ce qui lui est arrivé lors de son voyage à Paris. Il lui fait part de ses sentiments, mais aussi de ses incompréhensions.
Vous respecterez les conventions d'écriture de la lettre (lieu et date, formules d'introduction et de conclusion).

Questions sur...
les deux vaudevilles

I. Les personnages

1 À quel milieu social appartiennent les personnages des deux pièces ?

2 Quel est le personnage principal de la pièce de Courteline ? Quel est son lien avec les autres personnages ?

3 Par quoi Pépita et Plumard sont-ils unis ? Qui est Taupinier par rapport à eux ?

II. L'intrigue

4 Combien de scènes y a-t-il dans *Le gendarme est sans pitié* ? Résumez l'intrigue en quelques lignes. Est-elle compliquée ?

5 Combien de scènes la pièce *Gibier de potence* compte-t-elle ? Combien d'intrigues différentes s'entremêlent dans cette pièce de Feydeau ?

III. Le comique

6 Quel est le type de comique qui domine dans *Le gendarme est sans pitié* ? Citez un exemple.

7 Dans *Gibier de potence*, relevez au moins un exemple de :
– comique de situation ;
– comique de mots ;
– comique de gestes ;
– comique de caractère.

8 Quel est, selon vous, le type de comique privilégié dans la pièce de Feydeau ?

IV. La satire

9 Montrez que Courteline fait la satire :
– de l'administration ;
– de la justice.

Peut-on tirer une moralité de sa pièce ?

10 De quelle classe sociale Feydeau se moque-t-il ?
Y a-t-il un personnage qui échappe au ridicule ?
Comment présente-t-il la culture ? et le mariage ?

11 Quelle pièce préférez-vous ? Pourquoi ?

après la lecture

- Le vaudeville, une histoire ancienne
- Renaissance et postérité du vaudeville

Le vaudeville, une histoire ancienne

Une chanson à boire

Au milieu du XVe siècle, le vaudeville (ou *vau-de-vire*) est une **chanson populaire, drôle et satirique.** Sur des airs connus, on invente des paroles selon les circonstances, qui célèbrent le vin et l'ivresse. Chacun peut s'improviser vaudevilliste. C'est l'ancêtre des chansonniers qui se produiront dans les cabarets de Montmartre à partir du XIXe siècle.

Les vaudevillistes sont les ancêtres des chansonniers.

La comédie à vaudevilles

Après la mort de Molière en 1673, le théâtre connaît de nombreux changements. Jusque-là, Molière et Lully, le musicien, avaient composé ensemble des comédies-ballets comme *Le Bourgeois gentilhomme* alliant le théâtre, la danse et la musique. En 1680, Louis XIV donne à Lully le monopole du théâtre chanté qui devient l'opéra. Le théâtre parlé en français est joué à la Comédie-Française qui naît de la fusion de la troupe de Molière et de celle de l'hôtel de Bourgogne, qui jouait surtout les pièces de Racine. Parallèlement se développe ce qu'on appelle alors la comédie à vaudevilles. C'est **une comédie entrecoupée de ballets et de couplets chantés** sur un air connu dont on change les paroles en fonction de l'intrigue.

Elle va évoluer vers deux directions : soit la partie chantée va devenir aussi importante que le dialogue avec une musique originale, c'est l'opéra-comique ; soit la partie dialoguée l'emporte, la partie musicale se réduisant à quelques couplets, c'est ce qu'on appelle désormais le vaudeville, qui devient un genre à part entière avec son propre théâtre, le théâtre du Vaudeville créé en 1792.

Le triomphe du vaudeville

Ce **genre fantaisiste** qui colle à l'actualité connaît un grand succès sous la Révolution et l'Empire. Mais il faut attendre Eugène Scribe (1791-1861) pour que le genre évolue pendant la Restauration et la monarchie de Juillet vers une comédie brillante avec des intrigues bien structurées, proposant une satire de la société bourgeoise.

Héritier de Scribe, **Labiche** (1815-1888) apparaît comme le maître incontesté du genre sous le second Empire. *Un chapeau de paille d'Italie* (1851) connaît un succès exceptionnel. Il écrira cent soixante-treize pièces. Ses comédies sont en général très courtes (un acte) et alimentent les théâtres qui renouvellent constamment leur répertoire.

Dans son œuvre, si l'ambition satirique reste présente, l'essentiel reste d'abord l'art de nouer et de dénouer les fils d'une intrigue jusqu'à ses conséquences les plus extravagantes. Ses personnages sont des marionnettes emportées dans un mouvement irrésistible. Courteline et Feydeau sont ses dignes successeurs. ■

Des satires de la société bourgeoise.

Renaissance et postérité du vaudeville

Un genre menacé

Vers 1870, le vaudeville est concurrencé par l'opérette qui s'appuie sur une musique originale tout en gardant la fantaisie du vaudeville. Le public commence en effet à se lasser de la comédie à couplets qui tendent alors à disparaître. Menacé de tous côtés, il doit affirmer sa différence pour continuer à exister. Il va le faire en prenant deux voies différentes.

Le renouveau du vaudeville : Courteline et Feydeau

Feydeau va miser sur la forme. Il reprend, en l'amplifiant, le comique de situation et de gestes, privilégié par Labiche, et fait du vaudeville un pur théâtre comique qui ne cherche pas à imposer une morale. Ses pièces sont fondées sur **une gaieté souvent féroce**, sur le thème de l'adultère et sur une structure très élaborée en trois actes. De multiples intrigues s'entrecroisent qui aboutissent à des situations absurdes et à des quiproquos en cascade. Tout repose sur un rythme endiablé qui emporte les personnages impuissants dans un tourbillon.

Une peinture de l'éternel conflit des couples.

Courteline choisit une voie différente. S'il illustre lui aussi l'éternel conflit à l'intérieur des couples dû à la mauvaise foi et à la violence sous-jacente, il renoue avec **la comédie satirique** et s'en prend aux différentes catégories professionnelles : l'administration, la gendarmerie, l'armée, les métiers de justice dont il dénonce la rigidité, la stupidité, l'inefficacité avec un humour féroce. Plutôt que des intrigues complexes, il préfère des pièces très courtes : « Un acte, un seul acte, voilà ma mesure au théâtre. » Ses petites pièces sont selon lui des « tranches de vie comiques ».

Les héritiers du vaudeville

Après la Belle Époque, le vaudeville s'affadit dans le théâtre de boulevard, comédie légère et divertissante reposant sur le comique de situation et le goût du bon mot.

Il faut plutôt chercher ses héritiers du côté du **cinéma burlesque**, d'abord muet chez Buster Keaton ou Harold Lloyd, dont les films reposent sur un implacable enchaînement de gags. Puis, dans le cinéma parlant : les Marx Brothers, par exemple, jouent surtout sur le langage et les situations improbables pour nous faire basculer dans un monde totalement délirant.

En France, Ionesco dans *La Cantatrice chauve* ou *La Leçon* crée **un univers absurde**, à la fois logique et fou, reposant sur la difficulté, voire l'impossibilité à communiquer, qui rappelle les pièces de Labiche et de Feydeau.

Si le vaudeville est passé par une longue période de purgatoire, il revient à la mode depuis les années 1980. Sa veine comique est régulièrement exploitée dans des spectacles grand public, mais aussi par des metteurs en scène plus exigeants qui sont séduits par le côté mécanique et absurde de ce théâtre. ■

Le cinéma burlesque, héritier du vaudeville.

Le Mécano de la « General », film de Buster Keaton, 1926.

autre
lecture

Georges Feydeau

Le Juré

monologue

1898

texte intégral

Découvrez un drôle de juré,
à la veille du jugement d'un criminel !...

De quoi parle ce monologue ?

Le Juré

Feydeau prend ici pour cible la justice, et plus particulièrement les cours d'assises qui jugent les crimes. Les sentences y sont rendues par trois juges professionnels et un jury populaire, composé de douze jurés, citoyens tirés au sort, sans aucune compétence particulière. Ce jury délibère et décide à la majorité l'acquittement ou la condamnation pouvant, à l'époque, aller jusqu'à la peine de mort.
Feydeau met ici en scène de manière cocasse la motivation terre à terre et égoïste d'un juré qui fonde son avis sur ses intérêts particuliers qu'il confond avec le bien commun. Si tous les jurés agissaient comme lui, on peut s'interroger sur le nombre d'erreurs judiciaires qui seraient commises… ■

Parlant à la cantonade[1] :

Oui, eh bien, vous entendez, je n'y suis pour personne !... *(Il descend*[2], *puis remontant vivement et à la cantonade)*... pour personne, sauf pour les reporters de journaux et les parents de criminels !

Au public :

Voilà ! Quand on accomplit une mission comme la mienne, on s'y concentre ! Juré je suis, juré je reste ! À quinzaine[3] les autres affaires !...

Et dire qu'il y a trois jours, j'étais un simple bijoutier inoffensif, et du jour au lendemain, parce que le sort me désigne, me voilà le maître souverain des destinées humaines... souverain au douzième[4] bien entendu..., puisque nous sommes douze ! Mais enfin – tout ça au prorata[5] – je puis à mon gré[6], suivant que j'ai bien ou mal dîné, suivant que la tête du sujet me plaît ou ne me plaît pas, faire vivre ou mourir tel individu qui tremble devant moi.

Je suis juré aux assises[7] de la Seine !

C'est beau la justice !

Mais aussi je sais quelle responsabilité m'incombe[8] et je ne livre[9] rien à ma fantaisie ! Ainsi, tenez, je fais ce qu'aucun juré ne fait. Pour chaque crime que je peux avoir à juger, je convoque tous les parents du criminel ; je prétends une chose, c'est que le meilleur moyen d'être renseigné, c'est d'aller puiser ses renseignements à la source même. Je vous prie de croire que si les autres jurés consultaient comme moi les parents des criminels, ils auraient acquis cette certitude, c'est que la justice ne fait que condamner des innocents ! Eh bien ! c'est ce qu'il ne faut pas !

1. À voix très forte, comme pour parler à quelqu'un en coulisse.
2. Voir encadré, p. 16.
3. Dans quinze jours.
4. Pouvoir partagé en douze (nombre de jurés).
5. Proportionnellement.
6. Comme je le veux.
7. Cour qui juge les crimes.
8. Me revient.
9. Je ne laisse.

Mais voilà, en général, les jurés ne sont pas assez imbus[1] de la gravité de leurs fonctions... ils font ça à la légère ! Hier, j'en entendais deux près de moi qui se consultaient : « Eh bien ! qu'en pensez-vous ? Le condamnerez-vous ? – Oh ! moi, ça m'est égal, je ferai ce que vous ferez. – Oh ! non, après vous ! – Je n'en ferai rien ! » Ça aurait pu durer longtemps comme ça, quand, à ce moment, ils entendent dans l'auditoire une personne qui disait à une autre : « Ah ! parlez-moi de celui-là, voilà un criminel qui a véritablement mérité la guillotine ! » Ça a tranché la difficulté ! Mes deux jurés ont voté pour la peine de mort... et savez-vous de qui la personne parlait !... de Troppmann[2] !... Ce n'est pas sérieux !

C'est comme ce qui manque aussi la plupart du temps au jury, c'est la logique ! C'est le raisonnement dans le jugement ! Enfin, l'autre jour, mes collègues n'ont-ils pas condamné à une bagatelle de trois ans de réclusion[3] un scélérat[4] qui avait défoncé et mis au pillage la vitrine de trois bijoutiers ? Et vous trouvez que c'est suffisant ! On aurait dû le condamner à mort comme exemple pour les autres ! Enfin, je suis bijoutier, moi ! Ah ! il aurait dévalisé une boulangerie, mon Dieu, je dirais... Mais des vitrines de bijoutiers, ah ! non... ou bien alors, qu'est-ce qui me protège ?

À côté de ça, ils ont condamné à la peine de mort un pauvre habitant de Saint-Denis, qui avait la mauvaise habitude de chouriner[5] dans sa commune toutes les femmes de soixante ans... Un maniaque, quoi ! Eh bien ! vraiment la peine est exagérée ! Enfin, qu'est-ce que ça me fait à moi qu'il chourine des

1. Conscients.
2. Ouvrier qui assassina un inventeur lillois, sa femme et ses six enfants avant de les enterrer dans un terrain vague à Pantin. Il fut exécuté en 1870.
3. Prison.
4. Bandit.
5. Poignarder (argot).

femmes de soixante ans qui habitent Saint-Denis ? je ne suis pas femme, moi, je n'ai pas soixante ans, je n'habite pas Saint-Denis ! Eh bien, alors ?

Non, voyez-vous, pour bien juger un crime, il faut se poser cette question : de quel ordre est ce crime ? est-il social ou est-il individuel ? Fait-il du tort à la société ou bien n'en fait-il pas ? Un monsieur tue sa femme ou sa belle-mère, il est évident que ça ne fait aucun tort à la société. On peut se dire : « Demain, je rencontre ce monsieur, me fera-t-il du mal ? – Non ! » Eh bien alors, montrons de l'indulgence. Tandis que le dévaliseur de bijouteries, au contraire… Moi, je suis bijoutier, n'est-ce pas, je me dis : « Halte-là, demain il me dévalisera à mon tour ! » Celui-là, je ne le manque pas, par exemple ! et c'est la cause sociale que je défends.

Supposez maintenant qu'au lieu d'un bijoutier, ce même homme détrousse[6] un banquier, un capitaliste ? C'est tout à fait autre chose, parce que là, au contraire, il prend en main[7] l'intérêt social ! Et je le prouve : qu'est-ce qui fait les crises financières ? c'est l'immobilisation de l'argent[8] ! la stagnation[9] des capitaux ! Eh bien ! qu'est-ce que fait cet homme en dépouillant le banquier, le capitaliste ? Il déplace des capitaux qui dorment ! il remet de l'argent en circulation ! Donc, c'est un scélérat utile, et il faut le condamner légèrement, afin qu'il ait l'occasion de recommencer.

Ce sont ces nuances-là qui échappent aux jurés ! C'est comme je les vois la plupart du temps : ils ont un crime à juger, est-ce que vous croyez qu'ils savent

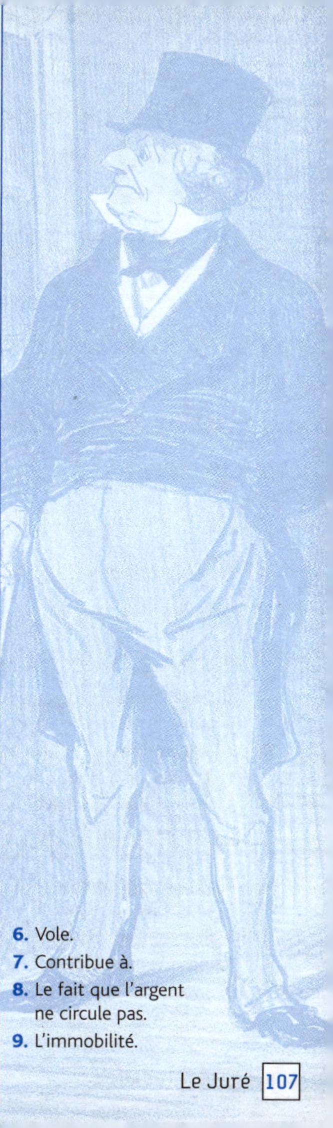

6. Vole.
7. Contribue à.
8. Le fait que l'argent ne circule pas.
9. L'immobilité.

d'avance s'ils condamneront ou s'ils acquitteront ? Non ! ils attendent pour se fixer[1] qu'ils aient assisté aux débats[2] ! C'est funeste[3] ! Est-ce qu'à l'audience[4] il y a moyen d'y reconnaître quelque chose ? C'est toujours le dernier qui a parlé qui a raison ! Alors quoi ? on finirait par condamner le président. Tandis qu'avec mon système, rien de ça à craindre. Moi voilà ce que je fais : je me bâtis une bonne opinion sur l'opinion moyenne de tous les journaux, ce qui représente bien par conséquent l'opinion générale... et alors, c'est fait ! J'ai ma décision bien arrêtée : quand j'arrive aux assises, mon criminel peut me prouver tout ce qu'il veut, je suis inflexible[5] ! C'est comme ça qu'on fait de la justice indépendante ! Sans quoi, qu'est-ce qui arrive ? Le premier accusé venu vous démontre par A + B qu'il est innocent, ses arguments sont irréfutables[6] : vous voilà troublé, vous vous laissez aller ; vous oubliez que cet homme est condamné par l'opinion publique, ce qui est le point de vue supérieur auquel on doit toujours se placer et vlan ! vous l'acquittez[7] ! C'est déplorable[8] !

Mais ceci est tellement vrai, tenez, qu'hier, on jugeait un crime sans retentissement[9]. Les journaux n'en avaient pas parlé, impossible d'appliquer mon système ! donc bien m'a fallu me contenter des débats ! J'étais perdu ! « Fallait-il condamner, fallait-il acquitter ?... » Et ce qu'il y a de mieux, c'est que tous les autres jurés étaient un peu comme moi ! Nous nous consultions du regard dans la salle des délibérations[10] : la première moitié était pour la condamnation, l'autre pour l'acquittement ! il fallait se décider !

1. Se décider.
2. Ensemble des propos tenus lors du procès.
3. Très mauvais.
4. À la séance du tribunal.
5. Je ne change pas d'avis.
6. Incontestables, indéniables.
7. Vous le jugez non coupable.
8. Regrettable.
9. Inconnu du public.
10. Salle où les jurés se réunissent pour décider ensemble du jugement.

Alors un des jurés a fait cette proposition : « Puisqu'il y a ballotage[11], que ceux qui ne sont pas absolument fixés sur leur opinion passent à l'autre bord ! » Eh bien ! après le second vote, ça a été absolument la même chose ! Seulement, cette fois, c'était la première moitié qui était pour l'acquittement et la deuxième pour la condamnation. Alors, ma foi pour trancher la difficulté, on a décidé de s'en remettre au hasard ! Nous avons joué le verdict[12], à l'écarté[13]... en cinq sec[14]. Si je gagnais, c'était la condamnation ; si je perdais, c'était l'acquittement. Eh bien ! l'accusé peut se vanter d'avoir eu de la chance : si mon adversaire n'avait pas eu le roi à la retourne[15], le bonhomme était frit[16] : j'avais le point en main[17].

Mais aussi, maintenant, je suis bien décidé à ne plus être pris sans vert[18]. Demain j'ai à juger un crime passionnel : « Un mari outragé a résolu de tuer l'amant de sa femme ; il l'attend sous la porte cochère, et vlan ! quand l'autre arrive, il lui plonge son poignard dans le cœur !... » C'est parfait ! Seulement voilà le malheur : une fois le poignard dans la poitrine de l'individu, le mari se met à contempler sa victime et s'écrie brusquement : « Ah ! mon Dieu, ça n'est pas lui ! » Et en effet le monsieur qui avait le poignard dans la poitrine n'était pas du tout l'amant, mais un brave huissier[19], locataire de la maison... et qui rentrait pour dîner ! Il y a des gens qui ont la rentrée malheureuse. Ce qui prouve bien néanmoins qu'un mari devrait toujours tourner sept fois sa langue dans sa bouche avant de tuer l'amant de sa femme.

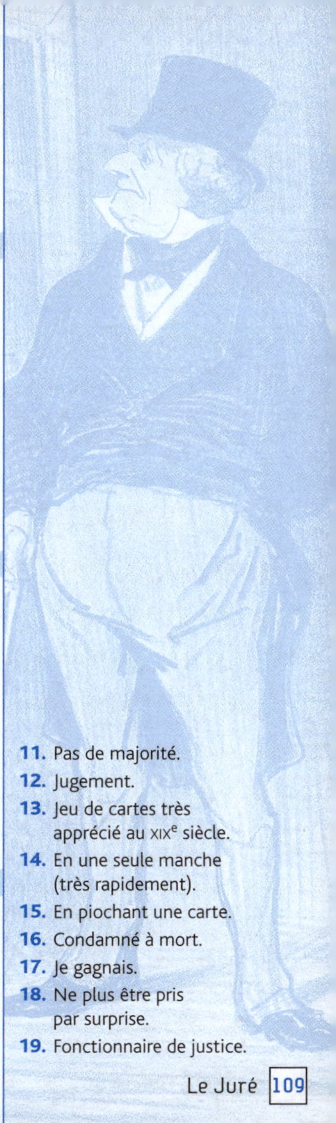

11. Pas de majorité.
12. Jugement.
13. Jeu de cartes très apprécié au XIXe siècle.
14. En une seule manche (très rapidement).
15. En piochant une carte.
16. Condamné à mort.
17. Je gagnais.
18. Ne plus être pris par surprise.
19. Fonctionnaire de justice.

Le pauvre meurtrier s'excuse de son mieux : « Oh ! pardon, monsieur, je vous avais pris pour un autre ! » Ah ! bien oui, l'huissier meurt sans proférer[1] une parole, mais son regard exprime clairement cette phrase : « C'est possible, monsieur, mais vous vous en apercevez un peu tard ! » À moins que cela n'ait voulu signifier : « Ah ! vraiment, ce n'est pas de chance, moi qui avais justement du monde à dîner ! » Vous savez, avec les regards, on peut interpréter de tant de façons différentes !

Eh bien ! voilà l'homme que j'ai à juger demain. Le condamnerai-je, ou non ? À cet effet, ce matin j'ai tenu conseil… avec ma femme, ma belle-mère, le cousin de ma femme, et mon valet de chambre. D'abord, ma belle-mère, qui est acariâtre[2], a commencé par m'exaspérer : « Vous ! ah ! bien, je vous connais ! Vous êtes tellement niole[3] ! vous n'oserez jamais le condamner ! – Moi ! tellement niole ! Ah ! bien, ne continuez pas, vous savez… sans ça je le condamne à mort, moi !… pour vous faire voir si je suis niole ! » Heureusement ma femme m'a calmé… Seulement, elle, elle trouve que le mari doit être condamné, rien que parce qu'il a voulu tuer l'amant de sa femme… et le cousin de ma femme aussi est de cet avis… Maintenant, c'est peut-être pour faire plaisir à sa cousine… il l'aime beaucoup ! N'importe, il m'a dit : « Je suis pour la condamnation… car si tous les maris devaient tuer l'amant de leur femme, ah ! bien, où serions-nous ?… »

Mon valet de chambre, lui, c'est tout le contraire. « Moi, m'a-t-il dit, j'acquitterais ! Parce qu'un mari qui pour se venger de l'amant de sa femme ne regarde pas à tuer un huissier, je trouve ça très crâne[4] ! »

1. Prononcer.
2. Grincheuse.
3. Rêveur.
4. Courageux.

Eh bien ! c'est mon valet de chambre qui a raison. D'abord, un huissier ! Est-ce que vous croyez que l'on sera vraiment bien malheureux parce qu'il y aura un huissier de moins sur la terre ?

Quant à ce mari, pourquoi est-ce qu'on lui prenait sa femme ? S'il y tenait, lui, à sa moitié[5] ! Ah ! nous serions au temps de Salomon[6], parbleu ! on lui aurait coupé sa femme en deux ; on en aurait donné une partie à l'amant, une partie au mari et on lui aurait dit : « Voilà, vous tenez à conserver votre moitié, eh bien ! emportez votre moitié ; et laissez-nous tranquilles ! » Le mari n'aurait rien eu à réclamer, mais aujourd'hui ce genre de jugement n'est plus dans les mœurs.

Aussi je déclare que ce mari n'est pas condamnable et, si j'étais l'avocat, je le prouverais au tribunal. « Non, messieurs, leur dirais-je, vous ne pouvez pas condamner cet homme comme criminel, car qu'est-ce que le crime ? Un homicide volontaire. Eh bien ! envisagez la situation. D'un côté cet homme a voulu tuer l'amant de sa femme ! oui !... mais il ne l'a pas tué ! donc il n'y a pas crime. De l'autre côté, cet homme a tué un huissier, oui !... mais il ne voulait pas le tuer. Donc, il n'y a pas crime non plus ! Donc, cet homme n'est pas condamnable. »

Aussi moi, dans mon âme et conscience, celui que je frapperais, c'est celui qui est cause de tout. Celui sans lequel un mari outragé[7] n'aurait pas songé à se faire justice, celui sans lequel il n'y aurait pas un huissier de moins en France !... Si l'on veut venger la mort de l'huissier, celui qu'il faut condamner à mort, c'est l'amant !

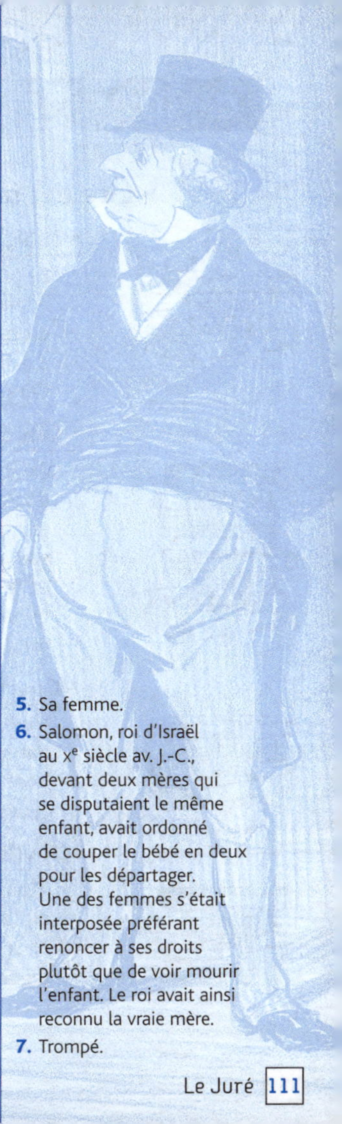

5. Sa femme.
6. Salomon, roi d'Israël au xe siècle av. J.-C., devant deux mères qui se disputaient le même enfant, avait ordonné de couper le bébé en deux pour les départager. Une des femmes s'était interposée préférant renoncer à ses droits plutôt que de voir mourir l'enfant. Le roi avait ainsi reconnu la vraie mère.
7. Trompé.

à lire

▶ Lire du théâtre pour rire

• **Labiche,** ***Un chapeau de paille d'Italie,*** 1851

Le plus célèbre des vaudevilles de Labiche : une course-poursuite échevelée pour retrouver un chapeau qui met en péril la réputation du futur marié. S'enchaîne alors pour la noce toute une série d'aventures plus invraisemblables et plus drôles les unes que les autres. Où peut bien être ce chapeau ?

• **Labiche,** ***L'Affaire de la rue de Lourcine,*** 1857

Au lendemain d'un banquet bien arrosé, un bourgeois retrouve dans son lit un ancien camarade de classe. Comment sont-ils arrivés là et qu'ont-ils pu faire après le banquet ? Ils n'en ont plus aucun souvenir et ne s'expliquent pas non plus leurs mains noires et le charbon dans leurs poches. Or dans le journal du jour, on apprend qu'une jeune charbonnière a été assassinée et que les deux criminels ont laissé des indices. Seraient-ils les assassins ?

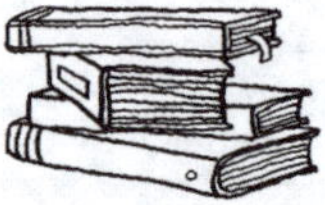

• **Courteline,** ***Boubouroche,*** 1893

Un brave homme généreux et naïf est mené par le bout du nez par sa maîtresse Adèle qui reçoit son amant dès que Boubouroche a le dos tourné et le cache dans le placard. Quand il découvrira la vérité, comprendra-t-il la vraie nature d'Adèle ?

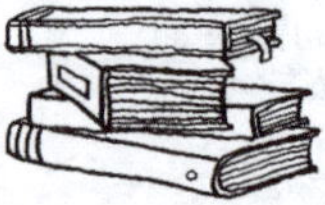

• **Feydeau,** ***On purge bébé,*** 1910

Monsieur attend une visite importante : un représentant du ministère de la Guerre à qui il veut vendre... des pots de chambre pour les soldats ! Madame, elle, est obsédée par les problèmes digestifs de son fils à qui elle veut faire avaler de gré ou de force un médicament.

à voir

▶ Le cinéma muet, héritier du vaudeville

• ***Monte là-dessus,*** **Harold Lloyd,** 1923

Harold vient à Los Angeles pour faire fortune, mais il survit de petits boulots et ment à sa fiancée sur sa situation réelle. Lorsque celle-ci vient le rejoindre en ville, un concours de circonstances l'oblige à escalader à mains nues le gratte-ciel où il travaille…

• ***Le Mécano de la « General »,*** **Buster Keaton,** 1926

Johnny Gray a deux amours : sa locomotive (la « General ») et Annabelle Lee. La guerre de Sécession éclate et l'armée sudiste refuse de l'enrôler, car il est plus utile comme mécano. Mais tout le monde croit que c'est par lâcheté et Annabelle le rejette jusqu'au jour où des nordistes détournent la « General » dans laquelle elle voyage. Parviendra-t-il à récupérer sa belle et son train et à prouver son courage ?

▶ Les Marx Brothers, rois du burlesque

Les trois frères sont à la fois auteurs et acteurs, aisément reconnaissables à leur physique et à leur caractère : Groucho avec ses lunettes, son cigare et son caractère agressif, Chico, le talentueux pianiste, le plus raisonnable des trois, et Harpo, le harpiste rêveur et muet, obsédé par les femmes.

• ***La Pêche au trésor,*** **Marx Brothers,** 1950

Pour nourrir ses amis comédiens Harpo vole des boîtes de sardines, mais dans l'une d'elles sont cachés les diamants des Romanoff. Poursuivis par l'infâme détective Grunion, au service de la famille Romanoff, et par la méchante Madame Egelichi, Harpo et ses amis arriveront-ils à échapper à leurs poursuivants ?

Table des illustrations

Conception graphique : Laurence Durandeau/Marie-Astrid Bailly-Maître/ Laurence Ningre
Design de couverture : Concept et illustration Hartland Villa
Illustrations : Buster Bone (p. 14 et 46)/Élise Rebaa-Launay (p. 112-113)
Recherche iconographique : Gaëlle Mary
Mise en page : CGI
Correction : Sylvie Porté
Édition : Marion Noesser

COLLÈGE

51. **Courteline,** *Le gendarme est sans pitié*
38. **Dumas,** *Les Frères corses*
1. **Homère,** *L'Odyssée*
29. **Hugo,** *Le Dernier Jour d'un condamné*
2. **La Fontaine,** *Le Loup dans les Fables*
3. **Leprince de Beaumont,** *La Belle et la Bête*
10. **Maupassant,** *Boule de suif*
26. **Maupassant,** *La folie dans les nouvelles fantastiques*
43. **Maupassant,** 4 nouvelles normandes (*anthologie*)
62. **Mérimée,** *Carmen*
11. **Mérimée,** *La Vénus d'Ille*
7. **Molière,** *L'Avare*
23. **Molière,** *Le Bourgeois gentilhomme*
58. **Molière,** *Le Malade imaginaire*
36. **Molière,** *Les Fourberies de Scapin*
52. **Molière,** *Le Sicilien*
28. **Musset,** *Il ne faut jurer de rien*
6. **Nicodème,** *Wiggins et le perroquet muet*
21. **Noguès,** *Le Faucon déniché*
59. **Perrault,** 3 contes (*anthologie*)
8. **Pouchkine,** *La Dame de pique*
12. **Radiguet,** *Le Diable au corps*
39. **Rostand,** *Cyrano de Bergerac*
24. **Simenon,** *L'Affaire Saint-Fiacre*
9. **Stevenson,** *Le Cas étrange du Dr Jekyll et de M. Hyde*
54. **Tolstoï,** *Enfance*
61. **Verne,** *Un hivernage dans les glaces*
25. **Voltaire,** *Le Monde comme il va*
53. **Zola,** *Nantas*
42. **Zweig,** *Le Joueur d'échecs*
4. *La Farce du cuvier* (*anonyme*)
37. *Le Roman de Renart* (*anonyme*)
5. Les défauts dans les fabliaux (*anthologie*)
41. Les textes fondateurs (*anthologie*)
22. 3 contes sur la curiosité (*anthologie*)
40. 3 meurtres en chambre close (*anthologie*)
44. 4 contes de sorcières (*anthologie*)
27. 4 nouvelles réalistes sur l'argent (*anthologie*)

LYCÉE

60. **Balzac,** *L'Auberge rouge*
18. **Balzac,** *Le Chef-d'œuvre inconnu*
47. **Balzac,** *La Duchesse de Langeais*
33. **Balzac,** *Gobseck*
34. **Barbey d'Aurevilly,** *Le Bonheur dans le crime*
32. **Beaumarchais,** *Le Mariage de Figaro*
20. **Corneille,** *Le Cid*
56. **Flaubert,** *Un coeur simple*
49. **Hugo,** *Ruy Blas*
57. **Marivaux,** *Les Acteurs de bonne foi*
48. **Marivaux,** *L'Île des esclaves*
19. **Maupassant,** *La Maison Tellier*
55. **Molière,** *Amphitryon*
15. **Molière,** *Dom Juan*
35. **Molière,** *Le Tartuffe*
63. **Musset,** *Les Caprices de Marianne*
14. **Musset,** *On ne badine pas avec l'amour*
46. **Racine,** *Andromaque*
30. **Racine,** *Phèdre*
13. **Rimbaud,** *Illuminations*
50. **Verlaine,** *Fêtes galantes, Romances sans paroles*
45. **Voltaire,** *Candide*
17. **Voltaire,** *Micromégas*
31. L'Encyclopédie (*anthologie*)
16. Traits et portraits du XVIIe siècle (*anthologie*)

MIXTE
Papier issu de sources responsables
FSC® C022030
www.fsc.org

Impression & brochage SEPEC - France
Numéro d'impression : 06601150356 - Dépôt légal : mars 2015
Numéro d'éditeur : 10192015